人类文明的足迹

地理

图文并茂，具有趣

# 地球极地任我行

领略大自然的鬼斧神工 ‧‧‧‧‧‧‧

编著◎吴波

Geography

中国出版集团
现代出版社

图书在版编目（CIP）数据

地球极地任我行／吴波编著 . —北京：现代出版
社，2012.12（2024.12重印）
（人类文明的足迹·地理百科）
ISBN 978 - 7 - 5143 - 0937 - 9

Ⅰ.①地… Ⅱ.①吴… Ⅲ.①南极 - 普及读物②北极
- 普及读物 Ⅳ.①P941.6 - 49

中国版本图书馆 CIP 数据核字（2012）第 275185 号

## 地球极地任我行

| | | |
|---|---|---|
| 编　　著 | 吴　波 | |
| 责任编辑 | 刘春荣 | |
| 出版发行 | 现代出版社 | |
| 地　　址 | 北京市朝阳区安外安华里 504 号 | |
| 邮政编码 | 100011 | |
| 电　　话 | 010 - 64267325　010 - 64245264（兼传真） | |
| 网　　址 | www. xdcbs. com | |
| 电子信箱 | xiandai@ cnpitc. com. cn | |
| 印　　刷 | 唐山富达印务有限公司 | |
| 开　　本 | 710mm × 1000mm　1/16 | |
| 印　　张 | 12 | |
| 版　　次 | 2013 年 1 月第 1 版　2024 年 12 月第 4 次印刷 | |
| 书　　号 | ISBN 978 - 7 - 5143 - 0937 - 9 | |
| 定　　价 | 57.00 元 | |

# 前　言

　　地球的两极——南极和北极是位于其纬度66°33′线圈以内的区域，这里是冰雪的世界，气候酷寒，环境恶劣，是人迹罕至之地，历来充满神秘感，然而随着探险家的闯入，两极神秘的面纱逐渐被揭开。

　　走进两极，你就走进了一个与众不同的别样世界。整个南极大陆被一个巨大的冰盖所覆盖，平均海拔为2 350米，是地球上最高的大陆。南极洲的气候特点是酷寒、风大和干燥。这里为世界最冷的陆地，是世界上风力最强和最多风的地区。全洲降水极少，空气非常干燥，有"白色荒漠"之称。而北极地区是不折不扣的冰雪世界，但由于洋流的运动，北冰洋表面的海冰总在不停地漂移、裂解与融化，因而不可能像南极大陆那样经历数百万年积累起数千米厚的冰雪。北极的格陵兰岛既是地球上最大的岛屿，也是大部分面积被冰雪覆盖的岛屿。

　　走进两极，你就能看到一个个奇特的生物群。气候严寒的南极洲，植物难于生长，偶能见到一些苔藓、地衣等植物，但是海洋里却充满了生机，那里有海藻、珊瑚、海星和海绵，海里还有大量营养丰富的磷虾。海岸和岛屿附近有鸟类和海兽。鸟类以企鹅为多，企鹅常聚集在沿海一带，构成独特的南极景象。海兽主要有海豹、海狮和海豚等。而在北极最有代表性的动物是北极熊，还有北极狐、北极驯鹿、北极麝牛等，北极最大的鲸是格陵兰鲸，体重可达150吨。北冰洋的最重要经济鱼类是鳕鱼。在北极生活的因纽特人是从中国北方经两次大迁徙进入北极地区的。经历了4 000多年的历史。由于气候恶劣，环境严酷，他们能从4 000年前繁衍至今，堪称奇迹。他们必

须面对长达数月乃至半年的黑夜，抵御零下几十度的严寒和暴风雪，因此可以说，因纽特人是世界上最顽强、最勇敢的民族。

走进两极，你就走进了一个矿产资源的宝库。南极洲蕴藏的矿物有220余种。这里煤、石油、天然气、铁的含量非常巨大，其他还有铂、铀、锰、铜、镍、钴、铬、铅、锡、锌、金、铝、锑、石墨、银、金刚石等。在北极地区，除了石油、天然气之外，还蕴藏着丰富的煤、铁、铀、铜、锌等矿产。其中格陵兰岛是个资源丰富的宝岛，厚厚的冰盖下面，藏着不少宝藏。最主要的有煤、铁、铀、冰晶石等矿产。

走进两极，你就走进了一个充满奇异景观的世界。这里一年只有两个季节——冬季和夏季，冬季时在极地几乎半年看不到太阳，称为极夜；而夏天时就算到了午夜，太阳则还是在地平线上，长达半年不会下山，称为极昼。两极地区是冰雪的世界，冰雪的世界晶莹剔透，千姿百态。两极的海域中，最引人注目的是漂浮在海上的一座座冰山。出现在两极的海市蜃楼，使极地的景色更加迷人壮观。两极特有的极光是由太阳带电的粒子碰撞地球的两极的磁场，在天空中发生放电时，所产生的发光现象，其形状之奇特，色彩之绚丽，令人叹为观止。

尽管我们对两极已经有所认识与了解，但还是不够充分与深入，尚有不少神秘现象有待人类去揭示，尚有许多未知领域期待人们去探索……

# 目 录

# 探险揭开两极神秘面纱

　　两极处在地球的南北两端，终年冰雪覆盖，环境极为恶劣严酷，是人类的禁区，令人望而却步，长期以来都笼罩着神秘的面纱，然而自古至今，仍然有许多探险家、科学家，诸如率先到达欧亚大陆最北点的俄国人切留斯金，找到北磁极的英国人克拉克·罗斯，找到南磁极的澳大利亚人莫森，开辟北极东北航路的瑞典人帕兰德尔，开辟了从大西洋通往太平洋的极海西北航路的挪威人阿蒙森，深入北极心脏的挪威人南森等人，不畏艰难险阻，冒着生命危险，或怀着征服的欲望，或抱着科研考察的目的，或怀着好奇心，络绎不绝地向极地发起挑战，正是在这些人的不懈努力下，通过他们的所见所闻，所记所拍，南极和北极的面纱才逐渐被揭开，使人类得以目睹两极的真容，当然两极还有许多未解之谜和尚未涉足的处女地有待我们进一步探索与考察。

## 发现切留斯金角

　　1735 年，俄国安娜女皇组织了一个北极考察队，由普隆契谢夫领队，旨在寻找北冰洋上的不冻港。

　　普隆契谢夫乘坐的是"雅库茨克"号，这是一条古老陈旧的双桅木帆船，载重量小，设备简陋。它本是条内陆河船，但为适应航海需要，在两侧加装了 12 对笨重的木桨，以备无风时使用。船上仅有的仪器是沙漏计时器和

等高仪，他们将凭这些极落后的设备，去探索人类未知的领域。

临行前，普隆契谢夫正在筹备婚事。但行程紧迫，匆匆举行了一个仪式就准备启程。新婚妻子站在岸上送行，她突然说："让我也去。"想到此行艰难，普隆契谢夫犹豫了，但面对妻子的泪眼和殷切的神态，他终于答应了。

此时是 1735 年夏天，船从勒拿河上游的库尔茨克城出发。初航真是一帆风顺，从库尔茨克城到勒拿河口 1 000 多千米的行程中，岸边绿草如茵，连绵的森林勾画出一片迷人的景象。这似乎不是一次千辛万苦的探险，而是一次心旷神怡的旅游。但是，几十天后，船一驶入大海，闲情雅趣便一扫而光。北冰洋无边无垠，成群的冰山就像狰狞的怪兽，起伏不定。普隆契谢夫指挥着船顺着强劲的东风，避开冰山向西驶去。在当时来说，这是人类从未扬帆过的大洋，他们一边紧靠海岸行驶，一边测绘地图。这时，他们才发现欧亚大陆的北部海岸线在北冰洋中延伸得那么遥远而漫长。

勒拿河

转眼间，冬天便来临了。有时狂风夹着鹅毛大雪漫天飞舞，恶浪跃上甲板，整条船像裹了层冰的铠甲，有时浓雾障目，伸手不见五指，船只被迫停航。他们就这样走走停停，在离勒拿河口仅 200 千米之遥的舆列尼奥克河口抛锚停泊时，北冰洋已完全封冻了。他们望洋兴叹，无奈只好就地过冬，坐等来年冰融雪化时再继续行进。

北极之夜长达 6 个月，终日不见太阳。他们住在因纽特人遗弃的木屋里，昏暗、潮湿、寒冷，整天点着长明灯。屋外暴风雪在盘旋、呼啸，还不时传来野兽的嗥叫声。一阵大风刮来，小屋连同脚下的大地便战栗起来，连微弱的灯火也不安地闪烁不定。

带来的粮食吃完了，他们便去猎取海豹和驯鹿，为了御寒，他们用血腥的兽皮缝制衣服；蜡烛也用光了，他们便熬动物油脂照明。他们的生活极为艰苦，特别是由于长期吃不到蔬菜，普隆契谢夫和达吉亚娜都患上了坏血症，周身乏力，每一块肌肉和关节都在剧痛，齿龈肿胀，一嚼就出血不止。

半年总算熬过去了。当太阳终于羞涩地斜挂在地平线上时，他们相互搀扶，跌跌撞撞地跑出小屋，再也压制不住生存的喜悦，欢呼雀跃不停。

夏天来了，似乎在一瞬间冰雪消融，河水流动，盼望已久的苔藓、地衣迫不及待地展现出它们的五颜六色。成千上万只海鸟在悬崖上忙碌地筑巢产卵。海面上成群的海象在游动，浮冰上的白熊也跳进水里嬉戏……漫漫的极夜过后，一切都显得生机勃勃。

探险队员们开始整装待发。可普隆契谢夫的两脚不听使唤，他艰难地走着，扶着他的是同样颤巍巍的达吉亚娜。

起程后，一路上发现的海岛越来越多，他们把岛屿一一标记在图上，便不停地航行。北冰洋依旧寒意料峭，浪涛拍打船头，扬起的飞沫在甲板上结成了冰层。为了避免与冰山相撞，他们日夜派人在甲板上值班瞭望。

苦不堪言的一个月过去了，泰梅尔半岛已经展现在眼前。普隆契谢夫按捺不住兴奋的心情，执意要上甲板值班，同去的还有他的妻子达吉亚娜。

泰梅尔半岛

那晚，风平浪静，但天气奇寒。当船舱里的船员听到甲板上尖利的惨叫跑出去时，普隆契谢夫已经冻死在达吉亚娜的怀里。几天后，达吉亚娜由于极度哀痛，也随之忧郁而死。临死时她对领航员切留斯金讲："把我和普隆契谢夫葬在一起，我和他生生死死都是属于无情的冰雪的。"

探险队员悲痛万分，把船靠岸，按照达吉亚娜的愿望把他们夫妻俩合葬在一座坟墓。此时，继续向前航行已经不可能了，洋面上的浮冰越来越多，显然短暂的夏天已经结束，而北极的秋季只是昙花一现，接踵而至的将是又一个恐怖的冬季。代理队长几经权衡，决定原路返回。

这次探险付出了惨重的代价，目标没有达到，却搭上了一对年轻夫妇的生命。领航员切留斯金原来不是个果敢的人，但普隆契谢夫的以身殉职一下子激发了他内在的豪情。经过 3 年的准备，整修一新的"雅库茨克"号于1739 年又重新起航，继续前人的未竟之业。由于切留斯金以剑相威胁，探险队新队长拉普帖夫终于同意仍让他任领航员。

不过幸运之神这次依旧没有惠顾他们，出航不久，船就在夜间被浮冰撞出一个大洞。等他们修补好漏船，这年的夏天已过去了。于是他们就选择了靠近泰梅尔半岛的哈坦加河口作为越冬地。

拉普帖夫和切留斯金原计划在 1740 年夏季到达叶尼塞河河口，从而勘测出欧亚大陆的最北点。但是当这年的夏季来临时，重重叠叠的浮冰使船无法挣脱，随着一声轰鸣，船沉入了海底。探险队员急忙把各种物资运到浮冰上，这块浮冰居然奇迹般地靠上了泰梅尔半岛的海岸。

切留斯金角

挫折、失败，甚至船只沉没都没动摇他们的意志，他们决定改从陆路向目的地进发。

1741 年和 1742 年的两个春天，他们用狗拉雪橇走了 6 721 千米，考察了整个泰梅尔半岛。1742 年 5 月 9 日，以切留斯金为首的一组人最先到达泰梅尔半岛的"东北角"——欧亚大陆的最北点。

这是个奇妙的北极之夜，白茫茫的天空怎么也黑不透。胡子拉碴、半人半鬼的切留斯金默默地走向海边的悬崖，祈祷着，然后从背囊里取出一束玫瑰。这束玫瑰他已经随身带了4年了，绿叶早已落尽，花瓣也失去了颜色。他把玫瑰放在唇边吻了一下，接着慢慢洒向霎时变得宁静的大海，这时听到了他的声音："献给我的朋友普隆契谢夫和达吉亚娜……"

历史并未忘记他们悲壮的业绩。在泰梅尔半岛的东边有一块地方被注明"婚葬地"，那里记载的是一个发生在北极的爱情故事。而在世界各国出版的地图册上，泰梅尔半岛和新西伯利亚群岛之间的那片海域被称为拉普帖夫海。至于欧亚大陆的最北端（北纬77°43′，东经104°18′），则被命名为切留斯金角。

### ➤ 知识点

#### 泰梅尔半岛

泰梅尔半岛是亚洲最北半岛，位于俄罗斯北西伯利亚，西及西北濒临喀拉海及叶尼塞湾，东和东北濒临拉普帖夫海及哈坦加湾，北隔维利基茨基海峡与北地群岛相望。半岛长约1 000千米，宽约500千米，面积约40万平方千米。北部沿海为狭长平原；中部为贝兰加山地，最高点海拔1 146米；南部地势低平。气候寒冷，年降水量150～230毫米。半岛大部属苔原带。海岸线曲折，多峡湾。

### 🌱 延伸阅读

#### 泰梅尔自治区

泰梅尔自治区位于北极圈附近，濒临喀拉海和拉普帖夫海。其南部与埃文基自治区和克拉斯诺亚尔斯克边疆区相邻，西南部和西部与亚马尔—涅涅茨自治区相邻，东部和东南部与萨哈共和国相邻。自治区的领土由泰梅尔半岛、西西伯利亚高原的北部和北地群岛构成。主要河流有叶尼塞河流域、皮

亚西纳河、下泰梅尔河和上泰梅尔河。众多湖泊有泰梅尔湖（在西伯利亚仅小于贝加尔湖）、拉马湖、波亚西诺湖、汉泰湖。

泰梅尔自治区的领土面积为 86.21 万平方千米，约占俄联邦领土面积的 5.05%。泰梅尔自治区于 1930 年 12 月 10 日成立，当时属于克拉斯诺亚尔斯克边疆区成员，行政区单位数量有 3 个区、1 个区附属城市、1 个城镇、22 个农庄。泰梅尔自治区的中心是杜金卡市，建市时间为 1951 年，杜金卡市距莫斯科 6 403 千米。

## 寻找北磁极和南磁极

### 找到北磁极

19 世纪初期是北极探险蓬勃开展的时期。当时的英国政府出于对世界海权的关注，极为重视北极地区的探险。

1818 年，当英国与拿破仑的战争结束之后，立即组织大规模的北极探险队。探险队分为两支，一支直奔斯匹次卑尔根群岛，另一支绕格陵兰北部进入北极海域。后面这支探险队的队长是海军中校约翰·罗斯，副手则为年轻的海军尉官爱德华·帕里。当年的 7 月 15 日，他们乘坐"伊莎贝拉"号和"亚历山大"号从伦敦出发。8 月 6 日便到达了格陵兰岛的北部。在这之前，英国的几次探险曾确认格陵兰岛并无居民，但这次，当罗斯看到海岸上有几所低矮、简陋的房子时，不免吃了一惊。

他们登了陆，发现这里生活着的是因纽特人的小部落，这个部落与世隔绝，是一直在地球最北部繁衍生息的人类。帕里这时默默记着笔记，而罗斯则大为振奋，以至于忘乎所以地宣称：上帝必定会将更大的发现恩赐于他。

他们离开格陵兰岛之后，8 月底就来到了兰开斯特海峡。这时还刚是夏末，从北方刮来的风虽然冰凉却不寒冷，海面上也罕见有流冰，正是乘风破浪的好季节。岂知罗斯在海峡中航行仅一天，便下令停止前进。

"你们看那儿……"罗斯在甲板上手指着前方对船员们说。大家目瞪口呆，因为除了宁静的海面渺无一物。罗斯却指手画脚："啊，这一片陆地真是广大，陆地上的山脉延伸得多么远……对了，我决定，以海军部长柯洛加的名字命名这个山脉为'柯洛加山'。"

作为罗斯副手的帕里刚想争辩，罗斯已经不耐烦地制止了他，接着命令返航。帕里有苦难言，他怀疑他的上司得了幻觉症，但也不便反对，因为罗斯曾是提携他的恩师。

探险队回到英国后，帕里几经犹豫还是提出了自己的质疑，许多船员也纷纷附和。一时间，罗斯声名狼籍，海军部长也颜面无光。于是，英国海军又组织了第二次探险队，再度前往兰开斯特海峡以确认柯洛加山脉的存在。

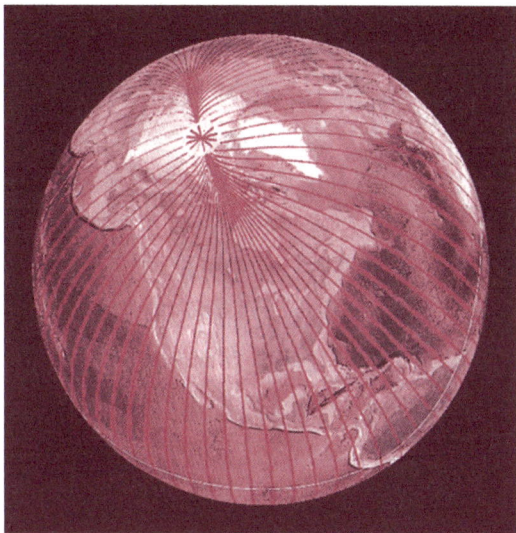

北磁极示意图

这次探险以帕里为队长，于 1820 年 5 月 11 日从伦敦起航。探险船为"赫克拉"号和"克立巴"号。

两艘船到达兰开斯特海峡时，船员从瞭望台报告，前面根本看不到山脉。帕里一点儿也没有幸灾乐祸的情绪，相反，他下令继续向兰开斯特海峡深处进发。船只一直沿着海岸向西航行。穿出海峡，来到广阔的海域，始终都没见到任何山丘的影子。帕里此时才下了结论：所谓的柯洛加山脉确实纯属子虚乌有的幻想。

这一年的气候比上一年恶劣，8 月底流冰已经大量出现。船只往北已经不可能了，只有继续向西才能勉强通过。

9 月初，他们通过了又一道海峡——它在今天被称之为"梅尔维尔子爵海峡"。这里已是西经 110°，根据英国国会的规定，凡是第一批过这条经度线的，都能获 500 英镑的奖金。船员们雀跃欢呼，但帕里的脸上却愁云密布。他一直站在瞭望台上，对着无边无际的冰原发呆。

船不能再前进了。帕里起初决定在一个海岬边上抛锚越冬，但气温的降低，使得冰原一步步逼近，船只得进入海湾深处。

从 11 月的第一个星期开始，他们在渺无人迹的洪荒地区度过了 100 天的漫长冬季。没有一丝阳光，也看不到一点儿绿色。月亮是有的，可惜越看越使人感到苍凉，它让人想起泰晤士河的喧闹和苏格兰牧场的安逸……帕里严

于律己，但他更清楚，孤寂的思乡病是致命的，所以他想方设法把部下日子安排得充实而井然有序。早上跑操，白天（也无所谓白天）把枪炮卸了装，装了卸，到了晚上，就举行热闹的舞会。他规定每两个星期进行一次别出心裁的竞技比赛。为了生活丰富多彩，他还办了一份"北乔治亚越冬报"。

1821 年的春天姗姗来迟。到 7 月，冰层才稍稍后退。8 月，"赫克拉"号和"克立巴"号驶出海湾，想向西突破冰的阻拦，以寻找北半球的大西洋和太平洋的会合点。但是冰层仍有 15 米厚，而且重重叠叠，根本无融化的迹象。无奈，帕里只好把航线指向英国。

帕里是个一旦确定目标便锲而不舍的人。他又于 1824 年、1827 年分别进行了第三次和第四次北极之航。后一次探航的目的地是北纬 89°。当时，英国的国会设立巨奖，以 5 000 英镑给第一艘到达北纬 89°的船只。

1827 年春末，帕里率领 28 名船员，驾驶曾经与他共患难的"赫克拉"号，前往斯匹次卑尔根群岛，进行他的第四次北极探险。他们到了该群岛的托伦贝尔格湾，便把"赫克拉"号抛锚，然后登陆，开始沿着海岸向北步行。帕里深谋远虑，步行时拖着两条小船；到了岸的尽头，他们就划着小船，向北寻找巨大的流冰，上了流冰再步行，同时依旧拖着小船行进……他们夜以继日，不断向北，向北。到这年的 7 月 28 日，帕里的探险队终于到达了北纬 82°41′的地方，这里离北极点只有 800 千米了。但是，探险队员已经疲劳到了极点，再也迈不开脚步了，双手既裂开又肿胀，根本捏不住拉船的绳子。

帕里泪流满面，放弃了努力，因为他知道再前进意味着全军覆没。他们艰难地返回到"赫克拉"号，默默地驶回英国，没有作任何声张。但他们所创造的纪录，在过后的半个世纪中无人打破。

归国后不久，帕里计划第五次北极探险。他正在筹备之际，突然风闻到他的老上司约翰·罗斯也在以个人的名义组织队伍到北极。帕里立刻向海军部建议：即将成行的探险队仍由罗斯当队长，同时推荐另一个罗斯，即克拉克·罗斯当副手，至于自己则作为一名普通队员随队而行。

海军部同意了。这样，在 1828 年的夏季到来之前，探险队出发了。这次他们使用的是当时少见的蒸汽机船"维多利亚"号。它的速度快，远胜过当时的风帆船，可惜船体太大，蒸汽机的设计也不够完善，所以一开始便遇到了困难。但是，探险队还是通过兰开斯特海峡到达了萨默塞特岛。在兰开斯特海峡行驶的时候，约翰·罗斯似乎已忘记了当年"柯洛加山脉"引起的风波了，帕里当然也绝口不提。

"维多利亚"号又从巴罗海峡南下，到达布西亚半岛。然后罗斯登陆越冬，而帕里却自愿呆在船上留守。虽然帕里判断，北磁极就在附近，但他情愿把功勋拱手让人，再说，他非常信任那位年轻有为的克拉克·罗斯，他比他的叔叔——那个时而清醒、时而糊涂的约翰·罗斯更体恤人，更有科学头脑。

果真，克拉克·罗斯不负帕里的厚望，他在当地的因纽特人的带领下，终于找到了指南针所指的北半球神秘地点——北磁极。

### 南磁极的测定

1907年，英国探险家欧内斯特·沙克尔顿自己组织并领导了英国南极探险队。这次行程受到了英国皇室的注意，国王和皇后接见了沙克尔顿，皇后赠给他一面英国国旗，让他插在南极。

探险船"猎人"号出发后到达南极海岸，船员们在南极海岸建起了营地。沙克尔顿把营地变成了一个温暖的家。沙克尔顿和他的3个伙伴于1908年11月3日出发向南极挺进，到了11月26号，他们已经打破了"发现"号探险的纪录了。由于当年斯科特的南极探险使用了狗运输没有成功，沙克尔顿这次使用了一种中国东北种的小马来运输，结果证明是不成功的。在挺进南极的过程中，最后4匹小马掉进了一冰窟窿里，还差点儿把一个伙伴也拽进去。这个事件几乎排除了他们到达南极的可能性。

他们又艰难地走了一个月，1909年1月9日，沙克尔顿的探险队到达南纬88度23分处，离南极点只有160千米的路程了。这时，猛烈的暴风雪刮得他们晕头转向，由于缺乏食物和体力不支，如果硬撑下去就可能全军覆没。在无可奈何的情况下，他们只得派出一支小分队，穿越南极大陆的冰盖，向南磁极前进；最后这支小分队终于到达了南磁极，并且测定它当时的位置是南纬72°25′、东经155°16′。探险队的

发现南磁极纪念币

澳大利亚籍队员莫森，在征服南磁极的过程中表现最为突出，是他找到了英国人罗斯几经努力都没能找到的南磁极具体位置。后人为了铭记莫森作出的贡献，将澳大利亚的一个南极考察站，以他的名字命名为"莫森站"。

根据1965年测定，北磁极位于北纬75°20′，西经100°40′，南磁极则位于南纬66°30′，东经139°54′。由于地球内部物质在不断运动，因此，南、北磁极点的位置也是在不断移动的，最近几十年来，南磁极以大约每年10千米的速度移动，北磁极则以大约每年7.5千米的速度移动。

**知识点**

### 格陵兰岛

　　格陵兰岛，世界最大岛，面积210多万平方千米，隶属丹麦，首府是努克，在北美洲东北，北冰洋和大西洋之间。从北部的皮里地到南端的法韦尔角相距2 574千米，最宽处约有1 290千米。海岸线全长35 000多千米。因为终年只有雪，没有雨，除西南沿海等少数地区无永冻层，有少量树木与绿地之外，格陵兰岛尽是冰雪的王国。全岛85%的地面覆盖着道道冰川与厚重的冰山。千姿百态的冰山与冰川成为格陵兰的奇景。格陵兰岛的冰块内含有大量汽泡，放入水中，发出持续的爆裂声，是一种非常好的冷饮剂。人们将其称为"万年冰"。

**延伸阅读**

### 磁极倒转

　　地球的磁场并非亘古不变，它的南北磁极曾经对换过位置，即地磁的北极变化成地磁的南极，而地磁的南极变成了地磁的北极，这就是所谓的"磁极倒转"。

　　通常情况下，地球不是稳定的，根据地球内部的变化磁场也在做相应调整，这种变化极其缓慢。但是近百年来，科学家们发现，磁场正在变弱，这是磁极倒转的征兆吗？据历史记载，从未发生过磁极倒转，但是根据各年代地球岩石被地球磁场磁化的方向，人们得出结论曾经多次发生磁极倒转。这是一些基性岩浆岩，在形成时"冻结"了少量地球磁场磁力。大约6亿年前的前寒武纪末期到约5.4亿年前的中寒武世，地球磁场是反向磁场；再到3.8亿年前的中泥盆世，则是正向磁场。过去的450万年里，曾经发生过两次磁极倒转。

美国科学家研究明尼苏达湖底的沉积岩表明，地球已经70万年没有磁极变化了，但在近4 000年，磁场正急剧变弱，强度损失一半。由此可见，地球现在已经进入磁场倒转的前夕。

## 波昔葛利号的众多第一

19世纪末期，科学和技术的发展带来了工业革命，生产力的提高促进了社会变革，教育的普及开阔了公众的眼界，报纸和杂志的发行沟通了人们的思想。所有这些因素反之又刺激了人们对自然科学提出了更高的要求。于是，南极逐渐成为人们关注的热点。

1895年，伦敦第六次国际地理学会议郑重提请世界各国政府注意：自19世纪末期到20世纪20年代这25年的时间，是"南极考察的英雄时代"。这个会议吹响了人类向南极进军的号角。

把这个时代冠以"英雄"的前缀是出于古希腊人的习俗，他们把一种半人半神的生灵，称之为"英雄"，他们具有普通人类不可比拟的力量和刚毅，并且在磨难面前显示人类远不可及的耐久力和崇高精神。

英雄时代的第一次有组织的探险活动是由比利时海军筹划的。它得到布鲁塞尔地理协会、比利时政府和某些个人的资助。队员来自5个国家，船上的大副阿蒙森那时还是无名之辈，而在以后的岁月里，他却充当了这个英雄时代的主角之一。1898年，这支探险队沿南极半岛做了大量的实地测量和科学调查。到了8月3日，那艘"别列什卡"号突然被冰封冻在别林斯高晋海。直到第二年的2月14日才从冰层中挣脱出来。这些经受极端困苦和寒冷折磨的人，度过了长达半年之久的漫漫暗夜。当地平线露出阳光时，都惊得说不出话来，后来才恍然大悟，泪流满面地欢呼起来。

但他们不是第一批在南极越冬的人，"南极越冬第一人"是挪威人波昔葛利芬。

为了到南极去探险，波昔葛利芬四处奔走，八方呼喊，但热心的资助者却寥若晨星。后来，当他心灰意冷准备重操捕鲸的旧业时，突然来了个叫乔

治·纽恩斯的人。那人是个出版家，腰缠万贯，他曾对北极有着浓厚的兴趣，现在潮流变了，他的目光自然也跟随着移向南方。他愿意赞助波昔葛利芬的计划，条件是他应获得探险过程中所有的照片刊印权。波昔葛利芬此时有些绝路逢生的感觉，他一口就允诺了。

波昔葛利芬于是驾驶着"南十字星座"号，匆匆踏上了征程。他于1899年2月17日在罗斯海西北部的阿德尔角登陆。这时已近夏末了，但他们站在岬角上，惊讶地看到，躲在浮冰带后面的罗斯海平静得像一个既温柔又冷清的大湖。"南十字星座"号为了避免被冰冻住，留下了波昔葛利芬和他的探险队，就急急地向北开走了。

他们在阿德尔角按照计划过冬，但他们发现，要爬上浅滩四周的悬崖峭壁是痴心妄想，所以到内陆探险的打算也就成了泡影。为了对纽恩斯有所交待，波昔葛利芬用了近一年的时间沿着已经结冰的罗斯海海岸做了些科学考察，收集了大量动物、植物和岩石标本，记录了气象的变化并进行了地磁测量。

这是人类第一次有计划地在南极大陆进行冬季考察，人类第一次在南极大陆发现昆虫，第一次在南极大陆使用狗拉雪橇，第一次……非常遗憾，也是第一次在南极大陆举行葬礼——1899年10月15日，探险队的挪威籍动物学家哈森患内疾死去。波昔葛利芬把他葬在一个三百多米高的冰崖之下，并在那里竖起了南极大陆第一个十字架。

"南十字星座"号于1900年初如期到了阿德尔角，把过冬的探险队员接回欧洲。虽然探险队未能进入南极的内陆，但他们掌握了大量的冬季气候和环境资料，对以后的南极探险大有裨益。人们于是知道，人类可以在连续几个月没有阳光、气温达－60℃的地方过冬。

波昔葛利芬的成功以及他所作出的贡献很长时间不为人们所重视。其原因一方面是纽恩斯取走了他的全部有价值的资料，并以自己的名义出版；另一方面，当时势力很大的英国皇家地理协会也在为组织一支南极探险队而努力，所以他们不愿过分渲染波昔葛利芬的创举。何况，波昔葛利芬是个挪威人。

直到30年后，英国皇家地理协会才承认波昔葛利芬的功劳，授予他一枚微不足道的佩特伦勋章。据说，老迈而穷愁潦倒的波昔葛利芬拿到这枚勋章，立刻跑到附近的小酒店里，换了两杯劣质的威士忌酒……

# 寻找最短的航路

达·伽马和麦哲伦开辟的航路，虽然打通了西欧和东方的海上联系，给东、西方之间的贸易，尤其是西欧一些国家的殖民活动，带来很大便利，但是，这两条航路，都要绕很大的弯，不是绕过非洲南端的好望角，就是要绕经南美洲南端的麦哲伦海峡，航程太长，人们仍感到不满足。能不能找到一条更短的航路呢？既然已经证实了地球是圆的，那么，穿过北极海区，想必就是连接大西洋和太平洋的最短航路了。可是，北极是个什么样子，当时人们还不十分清楚。有人说，北极地区有一块很大的陆地；有人说，北极地区是充满冰雪的海洋。地理学家们则认为，这条最短的航路，毋须通过北极中心，只要沿着岸边行驶就可达到目的。因此，从大西洋通往太平洋，可以有两条最短的航路：一条沿北美洲北岸走，这是西北航路；另一条沿亚洲和欧洲北岸走，这是东北航路。

然而一代代的极地探险家前去探险，都没有成功，不是为浮冰所阻，被迫返航，就是被围困在冰海之中，无法脱身，长眠在荒漠的冰岛上。那巨大的冰山，在海中漂浮着，又给航行带来另一层危险。

1912 年，当时最先进、最豪华的英国远洋轮船"坦泰尼克"号横渡大西洋时，就因触冰山而沉没。轮船开航后不久，船长得意地把一支铅笔竖在餐桌上，以显示船的优良性能，表明它在风浪中航行得多么平稳。可是，这位船长做梦也没有想到，这艘出尽风头的轮船，竟会在它的第一次航行中被冰山所毁。

## 前赴后继北极行

1585 年，一个名叫约翰·戴维斯的英国探险家，为了寻找北极航路，从加拿大和格陵兰之间的海峡向北航行。航至北纬 72°12′时，他不能前进了，茫茫冰海挡住去路，高大的冰山接二连三地向船冲来，不赶快返航，探险队就要在这里全军覆没。戴维斯没有办法，只得调转船头。为了纪念他这次航行，人们把这一带的海洋命名为"戴维斯海峡"。

1616 年，英国另一个探险家威廉·巴芬沿着戴维斯的航路，冒着极大的危险，深入到北纬 77°45′的海域。最后，他仍然为冰海和冰山所阻，被迫返

航。他航经的戴维斯海峡以北的一带海域，获得了"巴芬湾"的名字。

巴芬湾

　　戴维斯和巴芬所走的航路，所以冰山层出不穷，是因为自然界有一家平均日产20多座冰山的"冰山工厂"，坐落在格陵兰西岸和巴芬湾一带的缘故。它生产出来的大大小小的冰山，充斥于"工厂"周围，给航行的船只设置了一道道关口。像"泰坦尼克"号那样的20世纪初期的钢铁巨轮，尚且被它撞沉，几百年前的木帆船碰上了它，岂能不粉身碎骨！

　　关于自然界这家"冰山工厂"的情况，当时戴维斯和巴芬当然不很了解。现在，这已是很多人的常识了。

　　原来，在严寒的格陵兰岛上，终年雪花飞舞。即使盛夏来临，不强的阳光也化不尽地上的积雪，何况在漫长的极地冬夜里，太阳老是躲在地平线下不肯露面，气候更加寒冷，积雪自然越增越厚。时间一年一年地逝去，格陵兰的寒冷并未有显著改变。这样，地上的积雪就会堆积成山。老的积雪承受不住强大的压力，渐渐失去了原先疏松的特性，变成淡青色的透明冰块。现在利用先进的科学分析方法，在冰块中找到了10万年前的雪花，说明它的年岁何等久远。冰块覆盖着格陵兰的全部土地，平均厚度为1 500多米。在北纬70°的地方，更厚达3 150米。它沿着倾斜的地势缓缓地向下滑行，好似一条条冰的河川，人们叫它"冰川"。冰川最终滑入浩瀚的海洋，在海洋里受到海流、潮汐、海浪和太阳热力的联合作用，逐渐崩裂，发出一阵阵惊人的巨响，碎成一团团巨大的块体，随波逐流，在海洋里遨游。一路上，阳光、风雨、海浪不断地把它们"雕"蚀成各种形状，有的好似辉煌的金字塔，有的形如嶙峋的山峦，有的像巨大的桥洞，无奇不有，蔚为壮观。这就是人们所见到的冰山。

这些冰山，有的高达百米，长达千米，无异于一座浮动的小岛。然而，这只是人们能够看得见的部分，在水下，它还隐藏了十分之八九的"身躯"，它的庞大，是可想而知了。

一座北极冰山，从冰川分离出来独立漂流以后，可以维持两年的时间，在海洋里游过 3 000 千米的路程。当它来到温暖海域后，终于无法生存下去，融化了，消失得无影无踪。可是，它在巴芬湾一带，却正值锋芒毕露的时候，常给极地探险船只带来无穷的灾难。

大概是为了避免戴维斯的遭遇，1596 年，荷兰人威廉·巴伦支避开那座"冰山工厂"，改从格陵兰东部海洋北上，去寻找北极航路。果然，他的航行比较顺利，很快就进入了北极水域，来到一群岛屿前面。巴伦支见岛上重峦叠嶂，山势峥嵘，便给它取了个"尖峭的山地"的名字，荷兰语读做"斯匹次卑尔根"。从此，人们就把这群北极的岛屿，叫做"斯匹次卑尔根群岛"。为了纪念巴伦支的航行，后人把群岛南面的那片海洋命名为"巴伦支海"。

巴伦支海

斯匹次卑尔根群岛虽然荒凉，巴伦支海却很富饶，鲸、海豹、海象比比皆是。消息传出，引起人们极大兴趣，纷纷前往捕捉。最先被人们猎取的是海象，因为它们喜欢成群结队，几百头甚至成千上万头一同栖息在寒冷的海滩或冰上，为人们捕捉创造了良好的机会。不过，这些拥挤的象群，也有保护自己的办法，每当到一处栖息时，总是轮流由一两只海象在那里守望着，

像是"值班员"一样，"巡逻警戒"。一有动静，"值班员"就大声吼叫，象群闻声立即采取行动，或者逃之夭夭。如果这响亮的吼声出现在茫茫大海之中，便预示着冰山的临近，因为象群常喜欢乘冰山去海中遨游。难怪航行者夸奖海象是保证航行安全的"冰山预报员"。

猎象、捕鲸一时形成热潮，寻找通往东方航路的探险却并未停止。探险家们不断总结经验，使航行得以逐渐向更北的地区挺进。但是，越往北，浮冰越来越多。有时，蓝色的海面竟完全被冰块覆盖，探险船只经常为冰所禁锢，动弹不得。所以，尽管有许许多多探险家付出了宝贵的生命，但人们向往已久的北极极顶，始终无人到达过；那条前往东方的北极航路，也仍然只是一种美好的愿望。

1845～1846年，著名的英国极地探险家富兰克林率领的一个134人的庞大考察团赴北极考察时，就因陷入茫茫冰海，饥寒交迫，最后全军覆没。尽管他们使用的是当时动力最大、装备最好的船，船上有蒸汽机、螺旋桨推进器，而且还安装了前所未有的用以取暖的热水管系统，但仍然抵挡不住冰的力量。

## 开辟北极东北航路

冰山和浮冰虽然给探险队带来了严重威胁，但它毕竟阻挡不住人类探索极地的决心。

到19世纪下半叶，挪威和英国的航海家们先后驾船驶进喀拉海区。一位英国船长驾驶一艘蒸汽船成功地穿过了喀拉海，驶进了鄂毕湾。

挪威人和英国人所取得的成就极大地鼓舞了瑞典商人。瑞典富商迪克森出资装备了一艘大型帆船，邀集了以大学教授诺登舍尔德为首的一个科学工作者小组乘这艘船前往北部海洋进行探险。1875年，这艘船顺利地进入喀拉海，绕过亚马尔半岛，在叶尼塞湾发现了一个优良的港湾，并把它命名为迪克森港。尽管航行很顺利，但诺登舍尔德嫌帆船的行进速度太慢。第二年，诺登舍尔德乘蒸汽船进行了一次新的航行。他利用一个俄国黄金商人的资金租赁了一艘蒸汽船，顺利抵达叶尼塞河的河口，并安全返回。诺登舍尔德发现，每年8月底到9月初，亚洲的最北部区域，即泰梅尔半岛附近的海区，是无冰的季节，"蒸汽船一般可以在秋季里毫无困难地通过这条航线"。于是，他在获得资助之后，组建和装备了一支新的探险队，开始了探索东北航道的航行。

诺登舍尔德的探险队由两艘蒸汽船组成。较小的一艘是"勒拿"号，较大的一艘是载重357吨的"维加"号。"勒拿"号先行，驶至尤戈尔海峡附近停下，等候"维加"号，然后再结伴同行。这时，随同他们一起航行的还有几艘运煤的补给船。

诺登舍尔德聘请经验丰富和技术高超的航

叶尼塞湾

海家帕兰德尔驾驶"维加"号，并协助他指挥这次远航。1878年7月4日，"维加"号驶离瑞典的哥德堡，进入大海后驶向东方，与先行的"勒拿"号会合之后，和补给船一起驶抵迪克森港。8月10日，留下补给船后，"维加"号和"勒拿"号从迪克森港起锚出发，开始了一次远距离的航行。

两艘船踏上的是还没被人们探索过的新航道。前方海面的风浪不算很大，但布满了岛屿和水下浅滩，幸亏天气晴好，易于观察。顺利地航行至第四天，天气变坏，海上升起大雾，越来越浓，两艘船不得不在一个名叫阿克季尼伊的港湾里停泊。在这儿呆了4天，还不见天气好转，诺登舍尔德和帕兰德尔决定起航，因为海面不冰封的日子很短，必须在这个很短的时间里，尽一切可能走完东北航道。为了避开岛屿、礁石和水下浅滩，两艘船先向北开去，绕过泰梅尔半岛的北部，再转往东北方向。

海上大雾弥漫，致使船上的人无法看到远方的海面。不久，大雾逐渐变得稀薄，最后全部消失，到处是金色的阳光，空气也显得异常清新。海面上没有浮冰，一路顺风。两艘船张起了风帆，开足马力加速向前开去。东北方很快出现了一个海角的身影，它没有冰雪。

在这个海角停泊并稍事休整之后，8月20日，船又从这里起航朝东南方向行驶。不远处偶尔有浮冰漂过。两天之后，天气越来越冷，海面上的浮冰也越来越多，两艘船不得不放慢速度，在浮冰之间迂回行进。到了第三天，浮冰成群地在前方的海面上浮动，找不到一条能在浮冰间穿行的水道，船队

只好改变航向，朝西北行驶。

海水变得越来越浅，船的西面出现了泰梅尔半岛的东部海岸线。离海岸线约25千米的海区不见一块浮冰，海面平静，天空晴朗无云，西北风阵阵吹来，航船无需开动蒸汽机，只需将船帆张起，借着风力迅速地朝前行进。船上的人们观望着四周的景色，只见秀丽的群山耸立在离岸不远的地方，无论是山麓还是峰端都没有冰雪。

两艘船很快地航行到勒拿河的河口。这时，诺登舍尔德把航速较慢的"勒拿"号留在河口，率"维加"号加速向东行进，计划赶在海面冰封之前驶出白令海峡。穿过一群岛屿之后，天气日益寒冷。不远的海水中耸立着一座巨大的冰山，"维加"号绕过冰山继续向东航行，顺利地穿过了东西伯利亚海，平安地渡过了德朗海峡，驶进了楚科奇海。

气温降得很快，海面开始结冰。"维加"号全速向前开去。根据测算，离白令海峡已经不远，"维加"号要在海面完全冰封前穿过白令海峡，进入无冰水区。但是，海面很快被冰封住，"维加"号终于被冻结在海面上，动弹不得，而这儿离白令海峡仅有200千米的路程。诺登舍尔德看着坚冰一片的海面，心里很难过，他说："这是极大的不幸，对此我终生难忘"。

待到第二年的7月，"维加"号周围的冰层融化，被封冻了近10个月的海面，又开始翻滚海浪。"维加"号犁开海浪，驶向白令海峡。很快，白令海峡出现在前方，船员们兴奋异常，列队站在船舷两旁，含着泪花眺望越来越近的海峡。当船穿过白令海峡的时候，船上礼炮齐鸣，以纪念这个不平常的日子。诺登舍尔德心情激动，感慨万千。他回到舱房，提笔写下了这样一段话："现在，这个目标已经达到了。从希尤·威尔劳彼开始，多少个民族的代表人物为了这个目标而奋斗……我们达到了这个目标，在航程中我们不仅没有损失一个同伴，而且船上连一个生病的也没有，航船虽然被封冻了很长时间，但船体完整无损。完成这次航行的情况和经验表明，沿这条航线一年内可以连续航行数次，或者仅用几周时间就能完成一次航行。"

"维加"号在首航北极东北航道后，于1879年9月初驶抵日本的横滨港。接着，从东面和南面绕航了亚洲大陆，然后，穿过苏伊士运河，驶进地中海，又从南面和西面绕过欧洲大陆，于1880年3月回到瑞典。

"维加"号开辟了穿越北极的东北航路，完成了一次环绕欧亚两大洲的航行。这在当时的航海史上尚属首次，具有深远的影响。

苏伊士运河

## 开辟极海西北航路

穿越北极的东北航路开通了，极大地鼓舞了当时的探险家，都想由自己去开通另一条西北航路，可是 20 年过去了，仍然没有人能找到。当人类进入 20 世纪的时候，挪威极地探险家阿蒙森终于率领一支小小的探险队，开辟了从大西洋通往太平洋的极海西北航路，在极地探险史上写下了光辉的一页。

阿蒙森生于 1872 年，从小就喜欢大海，爱看大海里的航船，羡慕那些驾船去北极海洋捕鱼、猎兽的水手。尤其是那些去北极探险的人，更使他钦佩和崇敬。父母鼓励他学医，但在 21 岁时，他自认为不适合当医生而休学，从此立志当一名探险家。他先在北极航线的商船上当海员，后被选为驶往南极过冬的一艘探险船的大副。后来他又通过了船长的考试，并认识了当时著名的极地探险家南森。积累了丰富的航海知识和经验的阿蒙森急切地希望自己能组织起一支探险队去寻找北冰洋的西北航路。

组织极地探险，并不是一件容易的事，要船，要人，还要钱。阿蒙森两手空空，只有满腔探险的热情。过去一些探险家曾得到政府的资助，但这样一来，除了进行科学考察以外，还得承担去寻找新市场和取得殖民地的特别任务。阿蒙森不愿承担这种任务，所以他不能指望政府的资助。争取科学团体的帮助吧，可自己是初出茅庐，没有什么名望，谁会愿意帮助呢？再说，进行极地考察，需要做许多科学观测工作，要有一个周密的计划，这方面，阿蒙森还缺乏经验。总之，摆在面前的困难很多。

怎么办？他决定去向他最崇敬的人——南森请教。

南森在"比利基卡"号上见过阿蒙森，回答过阿蒙森提出的问题。他对

阿蒙森

这位年轻人热爱科学、充满求知欲望的精神，有着深刻的印象。当阿蒙森到他家里登门求教时，他非常热情，主动问阿蒙森打算干些什么。阿蒙森告诉他，想去寻找北冰洋的西北航路，并用一年的时间进行地磁考察。接着，详细地谈了计划的各个方面。南森听完阿蒙森的计划，非常激动。他没有想到这位年轻人能有这样大的抱负，能考虑得如此周到，当即表示全力支持，夸奖计划制订得很好。最后，南森又关心地问到探险的经费问题。阿蒙森说，他自己省吃俭用，几年来有一点积蓄，可惜不多，想再搭乘帆船去北冰洋打猎，一则去进一步掌握冰中航行的方法，再则赚几个钱。

南森同情地叹了口气。他告诉阿蒙森，靠这点钱，装备一支北极考察队是不够的，还必须设法弄到更多的经费。他知道阿蒙森是一心为了科学才去探险的，政府不关心科学，不会给阿蒙森什么帮助。为了帮助这位勇于为科学作贡献的年轻人解决困难，南森答应给他一些力所能及的援助，并且愿意出面呼吁科学界名流，也能给一些支援。

南森还亲自替阿蒙森修改计划，送给他科学仪器，劝他一路上顺便做点海洋学的研究工作。南森本人是很重视这种工作的。他在"弗拉姆"号上随冰漂流时，就曾发现了一个颇令人费解的现象：漂浮在海面上的冰块，并不沿风吹去的方向流动，而是偏在风向右方 20 至 40 度。他没有轻易放过这个觉察到的现象，而是反复观察，认真思考，终于搞清楚了这是地球自转引起的结果。由于地球不停地自西向东旋转，因此，使得在北半球运动的物体，都受到一个向右偏转的力的作用，这就是为什么冰块偏在风向右方漂流的缘故。南森还进一步认为，风吹起来的海流——风海流，也应当和冰块一样，偏在风向的右方流动；表面以下的海流，又要偏在表面海流的右方流动。表面海水带动它下面海水流动的情况，正同风带动表面海水流动的情况相似。

因此，不难想像，风吹在海面，使表面海流向右偏转，而表面以下的海流，则随着深度的增加，不断地右偏，形成一个螺旋式的运动。南森的这一推想，不久便由海洋学家艾克曼用数学分析的方法加以证明，创立了著名的"艾克曼风海流理论"。

南森为了获得海面以下不同层次的海水样品，还发明了一种叫"颠倒采水器"的海洋科学仪器。通过仪器在海中的颠倒动作，把那个地方的海水密封在容器里，然后再提上来进行化验分析。为了纪念这一发明，有的国家把这个仪器称为"南森采水瓶"。直到现在，它仍然是海洋学上一种重要的常规仪器。

阿蒙森从南森那里得到了许多有益的教诲和启示。他决心学习南森注重科学观测的精神，一定要把地磁科学考察工作做好。为此，他经人介绍，到德国汉堡观象台学习。经过半年的努力，他就完成了任务，能够独立进行地磁的观测和分析。

他满怀信心从汉堡回到挪威，指望能在经济上得到帮助。但是，南森的呼吁并没有产生什么效果，没有人，也没有科学团体愿意给他经济上的支援。他走投无路，只好到处去借钱。

经过一番奔走，勉强在亲戚和几个商人那里借到了一笔钱，买了一条旧船，充当探险的基本工具。这是一艘只有47吨的帆船，经过改装，被命名为"约阿"号。

这样的船，不嫌太小吗？阿蒙森并不这样想。他所以选择这么小的船，是有道理的，是在认真研究了过去的探险队屡遭失败的教训后而这样做的。阿蒙森认为，前人所以都失败了，主要不外乎三个原因：一是船太大，二是人太多，三是航线过于偏北。船大，操纵就不灵活，容易陷在冰里或者触礁；人多则需要准备很多粮食，行动也不方便；而航线过于偏北，容易被冰围困，被密如星点的极地岛屿所迷航。这是阿蒙森对400多年来极海探航失败的总结，也是他以后获得成功的主要经验。基于这种认识，阿蒙森就决定买下了这条47吨的小船，并且只挑选了6名水手。当然，这是6名熟悉北极情况、有着丰富极地探险经验的精兵强将。至于航线，阿蒙森也做了仔细研究，尽量靠南航行。

在装备了各种仪器设备和生活用品以后，剩下的事情就是选择出发的日期了。就在这时，南森突然来到船上参观。可惜阿蒙森正巧不在。南森仔细看过了船和装备，同考察队员们谈了话，认为一切都准备得非常周到。离船

的时候，他对领航员说："请您转告阿蒙森，可以出海了。"

阿蒙森回船听到南森留下的这句话，非常高兴。这仿佛就是南森给他下达的出发令，他一刻也不能耽搁，必须马上起航。

可是，就在"约阿"号即将起航的时候，一件意外的事情发生了。

有人散布流言蜚语，说阿蒙森这样一个无名小卒，想驾驶一条只有 47 吨的旧船，去北极探险，开辟西北航路，简直是异想天开。多少探险队的大船，都免不了全军覆没，阿蒙森难道会交上什么好运？这条航路，400 多年来，许多经验丰富的探险家都未能找到，阿蒙森能找到？还污蔑说，阿蒙森这个穷小子，借了那么多钱，明明是不想还了。他一去几年，谁知道呢！要是回不来，谁也不会替他还债。

卑鄙的造谣中伤，居然产生了效果，竟有人来逼债了。

一个商人跑来对阿蒙森说："您要是不把现款还给我，就查封你的船。"

对阿蒙森来说，这真是晴天霹雳。他焦急得不得了，饭也吃不下，觉也睡不着，很快就消瘦下去。尽管他再三解释，说他的探险一定会成功，很快就会把钱归还，可是，谁也不相信他。他一点儿办法也没有。

有一个债主逼得他最厉害，给他下了最后通牒："再过 24 小时，你要是还不把现款还给我，我就去找警察，把你当骗子抓起来。"

眼看费尽心血、历尽艰难准备起来的一次极地探险，将要成为泡影，阿蒙森痛苦极了。他左思右想，实在没有办法。最后，他只得把伙伴们召集起来，直截了当地对大家说：

"形势很严重，我们要么今天就离开，要么眼睁睁地看着我们的船明天被查封。三十六计，走为上计！立刻开船，大家赞成不赞成？"

"赞成！赞成！"大家异口同声地回答。

"那么，我们今天半夜就起航。对谁也不能走漏消息。"

1903 年 6 月 16 日半夜，"约阿"号悄悄地解开了缆索，急速地向无边无际的大海驶去。除了几个家里人和最亲近的朋友来送行以外，谁也不知道他们的离开。

当半夜稀疏的灯光渐渐在眼前消失的时候，紧张而焦急的阿蒙森突然变得轻松愉快了。什么伤脑筋的事都没有了，所有恼人的债主都不见影儿了。他在日记上写道："船上只有我们七个愉快而幸福的人，抱着光明的希望和坚定的信心，迎着我们的未来驶去。世界在我们眼里，很久都是一团漆黑的，现在它忽然气象万千，引人入胜地展现在我面前了。"

"约阿"号向西航行，开始，航行得比较顺利，后来，越往前去，困难就越来越大。这不是风浪的袭击，不是浮冰的威胁，是数不清的海峡、水道、岛屿像迷宫一样，布设在航路上，把人们弄得糊里糊涂，常常不知道往哪里航行。这使阿蒙森心里很着急。因为这里的夏天很短，只有一个半月的时间水面上没有冰，可以通航。像这样在迷宫里转来转去，何时才有尽头？要是走不出这座迷宫，夏天一过，他们就有重新被冰封的危险。再说，一路上还要和风浪、暗礁、浅滩作斗争，前途吉凶未卜。

阿蒙森整天整夜地爬到桅杆上瞭望，指挥着船只小心谨慎地靠着南方各岛之间向西驶去。他睡不好觉，吃不下饭。每次吃饭时，总觉得非常饥饿，可是等饭菜一到嘴边，又咽不下去。极度紧张、焦虑而疲惫的生活，很快把他折磨得叫人认不出来了。消瘦，憔悴，满脸皱纹，33岁的阿蒙森，看上去就像六七十岁的老人一样。

艰苦地航行了大约半个月，迷宫总算绕过了，一片广阔的海面展现在眼前，这才使阿蒙森稍减忧虑。他开始下舱休息了。当他疲惫地开始进入梦乡的时候，突然被甲板上的吵闹声和奔跑的脚步声吵醒。接着就有人跑进船舱，大声喊道："有船了！"说完，立即就跑了出去。

什么，有船了?！阿蒙森从床上一跃而起。他马上意识到，在这里遇到航船，就说明跨过北冰洋的西北航路已经打通了，梦想已经变成了现实。这是多么激动人心的一刹那。这意味着，探险家们400多年来的奋斗，今天总算结出了硕果。他们的这次北极之行，很快就要结束，不久就可以回到祖国和亲人见面了。他一面想，一面穿好衣服，跑到南森挂像前肃立了一分钟。在这一分钟里，这幅像仿佛是活了，南森似乎在望着他点头，他自己也幸福地微笑了。

阿蒙森来到甲板上，清楚地看见一只捕鲸船从西方海洋向他们驶来，所有人的心情都无法用言语来形容。这些敢于攀登的人们，终于就要第一次取道西北航路，穿过北冰洋，从大西洋来到太平洋。人们几百年来梦寐以求的理想，很快就要实现了。

阿蒙森向捕鲸船船长询问了西方航路的情况，了解到海峡里的冰都已化尽，前面没有什么危险，便告别捕鲸船，日夜兼程往前赶路，想用最快的速度越过无冰的洋面，以免再被冰封。路上，尽管他们又两次遇到航船，都没有停留，只是发个致敬的信号，最大限度地争取时间。可是，当他们第四次遇到捕鲸船时，就不得不停航了，因为捕鲸船上的人们告诉他们，西方的海

洋已经封冻了。

这个突然的消息，又一次给人们带来新的不安。但他们仍然不顾一切地向前驶去，指望能设法渡过难关。他们是多么迫切地希望早日结束北冰洋的航程，穿过白令海峡，进入另一个大洋——太平洋呢！

然而，没过多久，他们果然遇上冰了。"约阿"号艰难地在冰中航行。凭着丰富的冰海航行经验，阿蒙森和全体船员都有一个共同的想法，就是不管怎样，总得向前驶去，困难再大也不能停航。他们从候失勒岛近旁驶过，那里全给冰封了，有几只船已被封在冰里。他们不管这些，顽强地向前驶去。千辛万苦地航行了一程以后，无情的海水和流冰又把他们冲回到候失勒岛附近。这时，冰更加多起来了，海面白茫茫一片，几乎见不到蓝色的海水，行动十分困难。冻在冰里的船只，已增加到了 11 艘。看来，无法再往前航行了，人们不得不怀着遗憾的心情，准备在极海度过第三个冬天。

船停下来了。人们立即动手上岸盖房子，安装科学仪器。一切准备就绪后，他们又开始了极地的过冬生活和科学考察工作。

队员们按时进行观测，空余时捕鱼、猎兽。大雁、野鸭常常是他们猎取的对象。他们在冰上挖洞，从洞中捞鱼取乐。日子过得倒也不错。不久，12 艘船上的人开始互相访问，岛上的因纽特人乘着狗拉雪橇，也来和他们交往，更加不感到寂寞。

这一次，阿蒙森并不满足于这样的生活和工作，他脑海中时常浮起一个念头：等明年夏季才返回祖国，时间太长久了。能不能设法找到一个邮局，发个电报，把考察队的情况向全世界报导一下，顺便把每个人的信件邮出去。那时，电报虽已发明，但还不能普遍使用，船上也很少有电报设备，只有比较大的邮局才能发报，所以必须找到一个最近的发报地点。他把这个想法和队员们商量，大家都认为这是一个好主意。他又征求其他几条船的意见，也都表示赞同。于是，他们请了几个因纽特人一起想办法，商定由阿蒙森和另一艘船的船长，由一对因纽特夫妇陪同，到几百千米以外的美国阿拉斯加州育空堡去完成这个任务。

四个人乘雪橇出发了。他们冒着零下四五十度的严寒，昼夜兼程，走了一个月左右，来到了育空堡。可是，不巧得很，育空堡不能发电报，能发电报的伊格尔·西堤镇距育空堡还有 300 千米的路程。真是天不从人愿。但阿蒙森并没有灰心，毫不犹豫地决定继续前进，赶到西堤镇去。三个同行者也愿意一道前往。

四个人乘狗拉雪橇，又走了十几天，终于到达目的地。阿蒙森向祖国发了令人兴奋的电报，把基本上打通了北冰洋西北航路的消息报导出去，还寄出了大批的信件。为了等待回信，他们专门在这里住了两个月。等到回信后，这才动身返回。前后共花了5个月的时间，光路上就走了3个月。

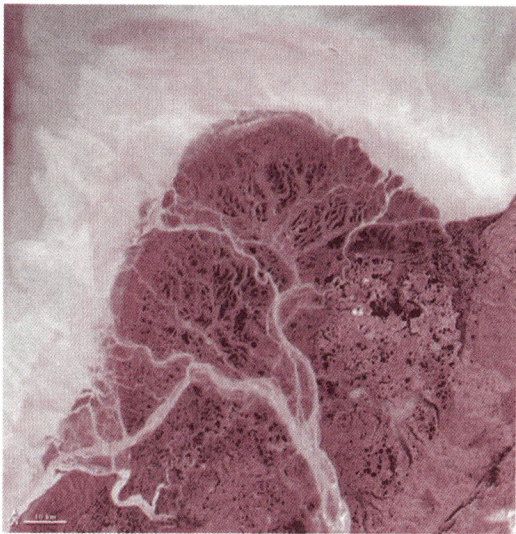

8月1日，冰化尽了，"约阿"号起航西行。经过整整一个月的航行，终于望见了连接两个大洋的威尔士角（白令海峡中的一个海角）。每个人都无

太空拍阿拉斯加州育空河

比兴奋，再过几小时，北冰洋西北航路就全部打通了，他们就可以进入另一个大洋——太平洋了。三年的惊险与艰苦，换来了辉煌的胜利，实现了探险家们几百年来都未达到的愿望，怎能叫人不兴奋呢！当天晚上，他们就穿过了白令海峡，来到太平洋东北岸的诺姆城靠岸，受到当地隆重而热烈的欢迎。当欢迎的队伍唱起挪威国歌时，阿蒙森激动得流下了热泪，这不正是人们对他们的功绩的最高奖赏嘛！

### 知识点

#### 达·伽马

达·伽马（约1460～1524年），是开拓了从欧洲绕过好望角通往印度的地理大发现家。生于葡萄牙锡尼什，卒于印度科钦。青年时代参加过葡萄牙与西班牙的战争，后到葡宫廷任职。1497年7月8日受葡萄牙国王派遣，率船从里斯本出发，寻找通向印度的海上航路，船经加那利群岛，绕好望角，经莫桑比克等地，于1498年5月20日到达印度西南部卡利卡特。同年秋离开印度，于1499年9月9日回到里斯本。

伽马在 1502～1503 年和 1524 年又两次到印度，后一次被任命为印度总督。伽马通航印度，促进了欧亚贸易的发展。在 1869 年苏伊士运河通航前，欧洲对印度洋沿岸各国和中国的贸易，主要通过这条航路。这条航路的通航也是葡萄牙和欧洲其他国家在亚洲从事殖民活动的开端。

## 延伸阅读

### 麦哲伦环球航行

麦哲伦（1480～1521）是葡萄牙航海探险家，麦哲伦环球航行是世界航海史上的一项伟大成就，是麦哲伦率领的探险船队在 1519～1522 年实现的。

麦哲伦是地圆说的信奉者，他在 1517 年就向葡萄牙国王提出了环球航行计划，但是没有得到支持。西班牙国王为了获得更多财富，正想向海外发展。西班牙国王支持麦哲伦进行航海探险，为麦哲伦装备远航探险船队。麦哲伦的探险船队由 5 艘远洋海船、200 多名船员组成，旗舰"特里尼达"号排水量 110 吨，其他 3 艘不足百吨。1519 年 9 月 20 日，麦哲伦探险船队驶离了西班牙。1521 年 4 月，麦哲伦在航行途中介入部落间的战斗，在马克坦被毒箭射死。麦哲伦死后，他手下的人继续了麦哲伦未完成的航程，渡过印度洋，绕过好望角，越过佛得角群岛，于 1522 年 9 月 6 日，回到了西班牙，完成了人类首次环球航行。麦哲伦船队的 5 艘远洋海船只剩下"维多利亚"号远洋帆船，出发时的 200 多名船员只剩下 18 名船员返回。麦哲伦船队以巨大的代价获得环球航行成功，证明了地球是圆的，世界各地的海洋是连成一体的。

## 谁最先到达北极

1909 年 4 月 6 日早晨，美国海军军官劳勃·皮尔里带着一位黑人随从和四位因纽特人，抵达距极点约 8 千米的冰上。一行人和拖橇的狗都疲惫得无力继续前进，皮尔里等人的成功近在咫尺。然而，过度的疲倦使得他们丝毫没有将要凤愿已偿的喜悦感。

6 天以前，他们生龙活虎地起程，经过日以继夜的行进后，疲倦和不安明显地流露在每个人的脸上。大家一致决议休息后，因纽特人马上建造了一个冰屋，大伙便开始进餐，同时也给狗吃了双份的食物。为争取休息时间，皮尔里快速用完餐后，便进冰屋里去了。

也许是太兴奋了，疲倦的皮尔里只休息片刻，就睁开眼睛，并拿出日记记录："终于将要到达极点，但是我并没有特别的感觉，放眼看去，四周和其他冰原并没有什么两样。"

恢复体力的皮尔里，很快地将食物和各种器材装在雪橇上，和两个因纽特人，朝着8千米外的目的地出发，大约1小时左右后，皮尔里站在了地球的北极点上，他为自己能成为第一个到达北极点的人而十分自豪。

站在地球的最北方，皮尔里有些茫然，对他来说，这个没有东、西、北方的地点，似乎和其他地方并无不同。

第二天，他们6人改变雪橇的方向，朝停泊在厄尔兹密尔岛和哥伦比亚岬之间的船只前进。皮尔里知道，要想返回陆地，行动必须迅速，否则极风会破坏冰地，将冰原化为浮冰与流冰的世界。冰原被破坏后，冰块会慢慢地流往北大西洋，而向东漂行的流冰，也会立刻加速流动，当它们流到水温比较温暖的北大西洋海域时，坚硬的冰块就会彻底开始溶解。

皮尔里和同伴离开北极点16天后，便平安地到达了哥伦比亚岬。人类对大自然的挑战，终于又获得了再一次的成功。

北极点雕塑

皮尔里此次北极之行，解开了许多有关北极的谜，诸如北极点周围都是酷寒的冰原，没有陆地，北极点是立在北极海中间坚固的冰上。经过探险考察，皮尔里也发现很多北极海附近的岛屿，以及欧洲、北美大陆、亚洲等北部地区的情形。和其他以北极为目标的探险家一样，皮尔里在最寒冷的季节开始其冰原上的探险。这时，虽然天色较暗，但是因为冰都已凝固，前进时不致受到阻碍。此外，如果要在北极海上满是浮冰的季节往北前进，还得计算冰块前进的流向及流速，沿途并要留存回来时所需的食物，这也是件十分困难的事。

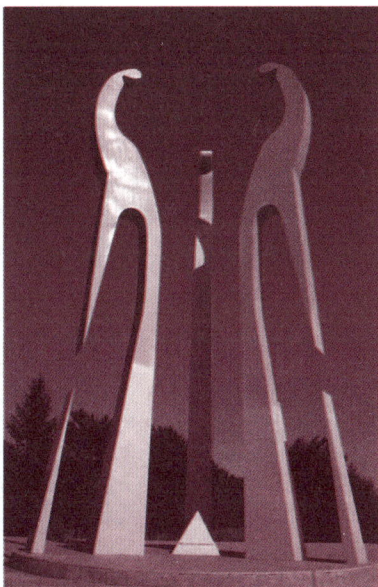

　　从北极点回来时，原先储藏在冰上的食物是否还在原地，往往是探险家们最为担心的问题，除了自然的因素外，狐狸和北极熊也很可能会把食物吃掉。

　　1909年9月1日，皮尔里正在返回途中，对北极探险一直非常关注的《纽约先驱论坛报》忽然收到了一个叫库克的美国医生的电报，声称他于1908年4月21日已经到达了北极点。9月8日，皮尔里发表声明说："库克从来也没有到过北极点，他只不过是在欺骗群众而已。"于是，这两个曾经一起穿越格陵兰冰原的伙伴反目成仇，展开了一场旷日持久的真假猴王争夺战。《纽约先驱论坛报》支持库克，而《纽约时报》和颇有势力的国家地理学会则支持皮尔里，后来只好提交国会去投票。结果是135票支持皮尔里，只有34票支持库克。于是，皮尔里便成了官方的胜利者，被提升为海军上将，而库克则被非难至死，名誉扫地。

库克画像

　　但是，这场官司却并未因此告终。因为一场探险上的争论，正如一场体育比赛，怎么能由政治家投票来决定胜负呢？况且，库克并非凭空捏造，而是确确实实地深入到了北极地区。皮尔里和库克，究竟谁是第一个到达北极点的人？

　　北极点，即是指地球自转轴与固体地球表面的交点。你若站在极点之上，"上北下南左西右东"的地理常识，便不再管用。你的前后左右，就都是朝着南方。你只需原地转一圈，便可自豪地宣称自己已经"环球一周"。

　　不过，在极点之上，尽管有就地环球之行的潇洒，也会遇见难分时间的麻烦。众所周知，人类把地球按照经度线分成了不同的时区，每15°一个时区，全球共24个时区，每个时区相差1小时。而对于极点来说，地球所有经线都收拢到了一点，无所谓时差的划分，也就失去了时间的标准。若在极点进行一场乒乓球比赛，那只小小的球，便一会儿从今天飞到了昨天，一会儿又从昨天飞回今天。要从地形上指出北极点的准确位置，是一件十分困难的事情。因为北极点上的地物是一些相互碰撞、相互碾压的大堆块冰，这些块冰又朝顺时针方向，时停时进地在北冰洋上打圈圈。因此，用以辨别北极点的冰层，可在一星期内漂离老远。只有用仪器，才能精密地确定北极点的准确位置。

开始，人们并没有把北极点看得那么重要，只是想越过它而寻找一条通往中国的近路。后来，美国人改变了这一初衷。皮尔里既不想发现新大陆，也不为搜集科学数据，而把它当成一场纯粹的体育比赛，变成了一场争相到达"世界之巅"的竞争，并且取得了最后的胜利。

在踏上北进的征途之前，皮尔里已经完成了两次横穿格陵兰冰原的旅行，并于1900年发现了格陵兰岛最北端的土地，后来称为皮尔里地。在此基础上，他把自己的目光盯上了北极点。总结前人失败的经验，他提出了两点新的概念：一是北极的冬天并不可怕，正是探险的最好季节；二是因纽特人的生活方式是在北极生存的最好方式。他决定以自己的实践来证明，地球上任何地方人类都是可以到达的。

当然，光有正确的提法和坚强的决心还是远远不够的，还必须要有强大的财政支持，于是他专门选了一艘"罗斯福"号船。这艘特别设计的船可以通过史密斯海峡的冰层一直航行到埃尔斯米尔岛的最北端。他在这里的哥伦比亚角建起了一个大本营，离北极点只有664.6千米。一切都准备就绪之后，便从这里派出几支先遣队，将必须的物资和食品运送到指定地点，这样就可以减轻主力部队的负担，以便保存他们的体力。这样，他们就可以从最后一个补给地点向北极点冲击。皮尔里不仅在居住方法、行进方式和衣服帽袜等方面都采用因纽特人的办法，而且还直接雇佣因纽特人为他驾驶狗拉雪橇，并沿途建造冰房子。

在第一次试探失败之后，1905年他又发起了第二次冲击。这次他作了周密的计划，从装备到物资安排都很详细，一共带了200多条狗和几个因纽特家庭，包括男人、女人和小孩子。这次努力虽然也失败了，但到达了北纬87°6′的地方，离北极点只差273.58千米。

接着，1908年7月，皮尔里又发起了第三次，也是最后一次向北极点的冲击。这时，由所有的赞助人组成了一个"皮尔里北极俱乐部"，专门协助他解决所需的资金问题。这次共有22个人，包括船长、医生、秘书和一直追随他的黑人助手亨森等。另外还有59个因纽特人，还带了246条狗。9月初，"罗斯福"号到达了北极海域，并把所有东西都运到了哥伦比亚角的陆上基地。

1909年2月的最后一天，共有24人、19个雪橇、133条狗从基地出发，

踏上了远征北极点的茫茫之路。零下56℃的严寒给他们造成了严重的冻伤，狂风席卷的飞雪迷住了人们的眼睛，起伏的冰山撞坏了雪橇。后来，他们又遇上了一条宽大的裂缝挡住了去路。6天以后，冰缝终于合拢了，他们才得以继续前进。4月1日，他们行进了450.6千米，离北极点还有214千米。这时他将最后一批支援人员遣返回去，只带了亨森和4个因纽特人做最后的冲刺。幸运的是，他们遇到了连续几天的好天气。1909年4月6日，他们终于到达了最后的目标，北纬89°57′。过去300多年来人们追寻的目标，他们只用了30多天。

至此，人类在北极所追求的三大目标，即东北航线、西北航线和北极点都达到了，但付出的代价相当昂贵。据不完全统计，光是在正式探险中献身的人数就达508人。正是通过这些活动，人类不仅认识了北极，也检验了自己向大自然挑战的信心、决心和能力。

还有一点应该指出的是，在北极探险的早期，人们并没有把因纽特人看在眼里，以为他们只是一些有待开化的民族。直到富兰克林的悲剧发生之后，北极探险者们才渐渐认识到要征服北极，必须得向因纽特人学习。自豪尔开始，因纽特人不仅给予历次的探险者以无私的援助，而且还加入了一系列的重要的北极考察，甚至献出了宝贵的生命，他们同样是功不可没的。无论是阿蒙森打通西北航线，还是皮尔里征服北极点，都得到了因纽特人决定性的帮助。因此，在人类进军北极的历史过程中，因纽特人作出了极大贡献。

1907年，得到美国富翁布雷法利的资助，库克和唯一的伙伴富兰克来到北极一个因纽特人的小村子越冬，并得到因纽特朋友的大力支持和帮助。1908年2月，他们带着9个因纽特人，11个雪橇，103条狗，1 814.4千克物资和一条6米长的折叠船穿过因纽特米尔岛往北进发。3月18日，他遣回了支援部队，只留下两个20多岁的年轻的因纽特人和26条最强壮的狗拖着两个雪橇继续前进，目标是要往北推进804.75千米。按照计算，他们认为，4月21日已经到达了北纬89°46′的地方，在那里呆了24个小时，然后踏上了归途。但是，直到1909年4月15日他们才重新露面。而在这一年多的时间里他们到什么地方去了呢？库克说，他们的路偏向西去，所以多用了一年的时间，冬天是在一座石头房子里度过的，直到1909年2月太阳升起时才继续南进。但这种说法却受到怀疑。其他不利于库克的证据还有：他说他在北进途中曾经看到过陆地和岛屿，但这是不可能的。更重要的是，曾全程陪同他们的因纽特人提供证词说，在整个旅行过程中，他们的视野从来也没有离开过陆地。由此，人们得出结论说，库克的描述只是根据想像而已。

然而，事情并非如此简单。随着时间的推移愈来愈多的事实表明，库克有可能是被冤枉的。因为，后来的观测表明，加拿大以北冰层确实是往西漂移的，因而使库克回程路线偏向西去是完全合理的。而在北冰洋中，经常可以看到酷似陆地和岛屿的冰山，甚至可以在这些浮冰上建立考察站，所以当年库克看到了这样的冰山便误认为是岛屿并没有什么好奇怪的。至于那两个年轻的因纽特人说一路上总能看到陆地，大概是推测，因在北极冰原上行进，有时很难把陆地和冰山区别开来，而由于潮汐的作用，到处都是冰山或冰原，致使那两个年轻的因纽特人误认为这就是陆地也说不定。

那么，到底是谁先到达了北极点呢？也许是库克，也许是皮尔里，也许他们两个谁也不是。他们当时所携带的测量仪器都很粗糙，因此，谁也拿不出令人信服的证据证明他们到底到达了何处。实际情况很可能是，无论是库克还是皮尔里都没到达过北极点，他们只是到达了接近北极点的某个地方而已。1916年国会一个特别委员会在授予皮尔里海军上将的头衔时并没有说他是第一个。

北极风光

实际上，皮尔里也有说不清楚的问题。根据他的叙述计算，他在北极冰面上的行进速度达每天 70.8 千米，而在这之前，无论是南森、卡格尼还是他自己，在北极考察中的行进速度从来也没有超过每天 14.4 千米。1986 年，美国一个考察队完全按照当年皮尔里的行进路线和运动方式到达了北极点。结果发现，在前 9 天里，他们每天平均只能前进 3.58 千米，从第 10 到 21 天，平均速度为每天 8.05 千米，第 22 到 44 天为每天 15.39 千米，第 45 到 54 天，由于冰面较平，装备减轻，天气转暖，行进的速度最快，达到每天 28.64 千米。由此看来，皮尔里的行进速度真可以说是天文数字了。

历史就是如此，在沿途留下无穷无尽的疑问让人们去争论，去思考，而它只顾走自己的路。

**知识点**

### 雪撬

雪撬是雪上运动器材。用木料或金属制成。种类繁多，一般有无舵、有舵、单撬、宽撬、骑式、卧式、连模、牵引、电动、风帆等类型。目前冬季奥林匹克运动会只采用无舵雪撬（亦称“运动雪撬”或“单雪撬”）和有舵雪撬进行竞赛。无舵雪撬为木制，底部滑板为金属。一对平行的滑板宽不超过 45 厘米。滑板前翘都允许保持一定的弹性，但不得装操纵滑板的舵和制动器。单座重不超过 20 千克，双座重不超过 22 千克。有舵雪撬用金属制成，前部是一对活的舵板，其上部与方向盘相接，并装有固定的流线型罩。尾下部安装刹车制动器。双人雪撬长 270 厘米，宽 67 厘米，包括人的体重不超过 375 千克。四人雪撬长 380 厘米，宽 67 厘米，包括人的体重不超过 630 千克。如重量不足，可携带其他加重物给予补足。北极地区的土著居民一般狗来拉雪撬。

## 延伸阅读

### "五十年胜利号"

"五十年胜利号"核动力破冰船，是世界上最大的核动力破冰船，它于1993年开始建造，是俄罗斯为纪念第二次世界大战结束50周年，原计划在50周年纪念日前后下水，但由于资金短缺，该项目中途被迫叫停，直到20世纪90年代末才恢复对该项目拨款。该船于2006年建成下水试航，2007年正式交付使用。

"五十年胜利号"船长159米，宽30米，有船员138名，满载排水量2.5万吨，最大航速21节，航速为18节时最大破冰厚度2.8米，总功率约为55 000千瓦，船上装有两个核反应堆，装有最新的卫星导航和数字式自动操控系统，新式的测冰测深雷达以及海水淡化系统，船上还载有米八直升机一架，用于侦察冰情和人员物资的运输，另外船上装备的6艘救生船也是为在冰区救援航行所特制的。各种指标都说明这艘船是当今世界上最新、最大，也是最先进的核动力破冰船。

2007年开始，这艘船每年夏天都会满载世界各地对北极充满好奇的旅行者前往北极点进行探秘。

## 南森深入北极心脏

佛里多约夫·南森，挪威人，1831年出生在奥斯陆的一个中产阶级的家庭。南森是他那个时代最伟大的北极探险家。他的探险活动与其他人不同，不怀任何商业及功利性目的，始终把着眼点放在科学研究方面。

在1893年正式踏上去北极点的征程之前，他曾到格陵兰进行过一次徒步穿越全岛的长途旅行。他先乘船到该岛的东岸，然后乘雪橇向格陵兰西岸前进。整整一年，他爬冰卧雪，风餐露宿，忍受着严寒酷冷，终于成为人类史上第一个用雪橇横穿格陵兰的人。格陵兰之行使他得到了一个切实的体验：若想北极探险成功，必须自立自足，不应等待外部的援助。

他从格陵兰归国之后，立即着手拟定北极探险的计划。他很高兴自己具备了在他以前探险家所不具备的许多知识。尤其是"第一次国际地球极

南 森

地年"提供给他许多有关水文气象方面的数据。他对自己的计划充满了信心。

正在这时，一条并不醒目的新闻吸引了他：人们在格陵兰东部海区捞上了一条船的残骸，经鉴定，它正是5年前在西伯利亚东海岸被浮冰挤碎的"珍妮特"号。南森兴奋异常，他认为，既然在东方遇难的船若干年后会在西方见到它的碎片，那么说明北极的冰层下面一定有一股海流。他联想到在格陵兰之行中的发现：当地人

总是到海边捞取巨大的漂木作为建造船和雪橇的材料。这些漂木经一位植物学家鉴定，它们大都是西伯利亚的落叶松。他在格陵兰的另一个发现是：在海边流动的漂木中有不少是木片，这些木片属于因纽特人射鸟武器的一部分，与格陵兰人使用的木片不一样，完全是阿拉斯加因纽特人的产品，上面嵌着那一带地区特有的石块。

南森激动不已，他作了个大胆的设想：北极区存在一股由东向西的海流，而这海流很可能会经过北极点。他一直幻想着征服北极点，现在简直可以不费吹灰之力便能达到，只需把自己"冻"在某块浮冰上，然后由海流把他送到目的地。

南森的计划已经明确了：先乘船到西伯利亚海区，即"珍妮特"号遇难的地点，接着让船与浮冰冻结在一块儿，随着海流漂过北极，到达格陵兰东部海区。

当时，破冰船还未问世，如何设计一条适宜在冰海世界中航行的探险船成了一个关键的问题。为此，南森苦心钻研，设法使船体能经受巨大的压力，而形状却像瓜子壳一样，当冰层的压力达到一定程度时，船就被挤到冰块上面；而当压力减少时，船又可下降到水中。他把设计并制作的船命名为"先锋"号，乘员12名，可装载足够5年用的燃料和食品。

1892年，南森兴致勃勃地把他的计划在伦敦的地理学年会上宣读，立即

遭到了他意想不到的嘲笑。一位有 20 多年极地探险经验的老探险家指着南森说:"你疯啦。我敢说你在那里度不过一个冬天。如果你执意孤行,我将永远见不到活着回来的你了。"另一位著名的探险家也说:"风向是决定浮冰漂流方向的主要因素,你这是异想天开。"南森并没做补充答辩,便急匆匆回到挪威。

1893 年 6 月 24 日,"先锋"号从奥斯陆扬帆起航。船上有南森自己,船长奥托·斯菲尔德及其他 10 名精心挑选的队员。"先锋"号绕过挪威北端,向东西伯利亚海驶去。他们来到了勒拿河口的哈巴罗夫村。南森在这里买了35 条拉雪橇的狗。8 月 4 日,他们驶离了这个寂静的极地村庄向着喀拉海北进。

纷至沓来的浮冰包围了"先锋"号,但它并未被冻住,继续向北方艰难地行驶,直到北纬 78°30′ 的地方船才停住。这里距北极点还有 1 300 千米的路程。这时,漫长的极夜已经开始,气温也急剧下降。南森已经和外界没有任何联系,满眼是漫漫风雪,茫茫暗夜,而耳边却是大自然的鬼哭狼嚎。每到晚餐,他们围坐在船舱里,喝酒谈笑、烤鹿肉,生活得好像称心如意,其实每个人都惶恐不安,生怕"先锋"号会遭到与"珍妮特"号一样的命运,被冰挤扁。

一个黯淡的夜晚,正在进餐的他们突然听到冰裂的巨大响声,响声一阵又一阵,隆隆不绝。他们都站着,静候着即将分晓的命运。他们感到自己的身体随着船体升高,最后凝然不动。他们跑上甲板,船已经被冰层抬起,稳稳地停在坚冰之上。南森悬着的心终于安然落下了。他当初的设计完全正确!现在"先锋"号已与冰固结在一起。他们现在所需做的,是熬住单调日子的孤寂,让海流把他们带到他们要去的地方。但是单调却是十分难耐的,以致本来非常活跃的南森也禁不住在日记上发泄他的苦闷:"真希望恢复有生气的生活。每天都静止不动,真的会把人的灵魂给淹没。单调的日子就像冬夜一样死寂,我必须设法打破这种苦涩而充满惰性的气氛……有时我盼望来一阵暴风,把四周的冰全都撕开,而在船的周围出现再没有冰的大波大浪。这盼望常常进入我的梦境……"

幸好,南森绝不是为探险而探险的探险家,他有他的科学事业。在日复一日的单调之中,科学始终忠实地陪伴着他。他们随时随地观察风云变幻,测气温冰温,判别冰块的漂流方向。

南森终于断定:冰和船的漂流方向和风的方向并不一致,而是总和风向

成20°~40°偏角向右漂流，因此，这里确实存在着一条海流！他欣喜若狂，因为他有可能向北漂到北极点。但是遗憾和失望接踵而至。"先锋"号到了北纬84°后，再也不移动半寸。虽然他们已创造了前所未有的新纪录：至此为止，还没有一条船能到达这么高的纬度。但是创纪录不是他们主要的兴奋点，他们需要的是到达北极点，在北极点做科学考察。

南森肯定"先锋"号不会再向北漂流了。他作出了一个出人意料的决定：从这里到北极点只有600千米，坐雪橇仅需50天便能打个来回，由他和约翰逊来走完这个最后的路程。

1895年3月14日，船长斯菲尔德带着留守的人站在船边，目送南森和约翰逊远去。他们的眼里都噙着热泪，因为他们不知道，他们现在的频频挥手，是意味着生离还是死别？

起初的两三天，南森的行进还算顺利。27条狗拉着3架雪橇，雪橇上载着两只小船和他俩，飞速向北极点挺进。但不久，困难就层出不穷。首先是道路的高低不平，到处都是冰缝冰裂，要不就是冰丘冰凌。有一次，当他寻思如何过一条深深的冰渊时，约翰逊不慎滑倒，掉进一个冰洞。南森花了整整一天的时间，才把他救了上来。他们终于到达北纬86°14′的位置，距离北极点只有418千米，但是他们再也无力向前跋涉了。南森在日记里记着："凌晨两点，温度降到-23.9℃，冰的情况愈来愈恶劣……由冰块堆积得凹凸不平的冰原无限地伸展，要越过它，非得把雪橇抬起来。如此艰难的行程，就是再比我强壮10倍的人也受不了……"

北极腹地

不过南森并没有放弃再作进一步的努力，他们又继续走了两天，才停住了脚步。他们商量一下，决定掉头往南，到附近的法兰士约瑟夫群岛去。但他们实在太累了，睡了一个深深的长觉之后，他们看到腕上的手表都停了，原来他们都忘了给表上发条。这个疏忽使他们的返程更为困难，使得他们不知道正确的时间，也无法计算自己所处的正确位置；由于他们又很接近北磁极，指南针几乎失去作用，所以根本到不了距离不足 100 千米的法兰士约瑟夫群岛。

他们在冰原上东逛西荡，找不到任何头绪，作了不少最终是徒劳的努力。渐渐地，北极的春天来了，薄薄的冰上出现麻脸般的小水塘，海中的冰也消失了，人、狗、雪橇都得靠艇来渡航。食物逐渐缺乏，饥饿的狗开始啃食任何能吃的东西，有一次，甚至把睡着的约翰逊的皮靴都啃出一个大洞。南森只好把衰弱的狗杀死，将它们的肉给其他狗当食物。

5 月 15 日，约翰逊有点神情恍惚。但南森不动声色，到了晚间，他突然掏出一瓶酒，然后举杯祝贺约翰逊 28 岁的生日，同时用嘶哑的嗓子唱起《祝你生日快乐》。约翰逊为此感动得大哭起来。他没想到南森在这样困苦的场合还没忘记他的生日，也没想到他会藏着这最后一瓶酒。

到了 6 月 9 日，还在到处乱闯的他们，食品彻底吃完。南森只留下 3 条最强壮的狗，其余的一概杀掉做成肉干。接着天气也开始折磨这两个疲惫已极的人，大风带着雨夹雪漫天遍野袭来，南森的腰疼病又犯了，于是他们停下来休息。几天之后，他们明知道继续行走也是白费精力，但还是抱着侥幸之心迈动沉重的脚步。

夏天确确实实地到了。一天，约翰逊突然看到冰上有一只海豹，他不由分说就扑了上去，用牙咬，用刀子扎，杀死了它。他们止不住发狂地大笑，多少天来没见过成堆的鲜肉了。

8 月 7 日，他们进入蔚蓝的海域。他们把两艘小艇连结在一起，撑起一面破帆，开始海上航行。过了些天，也就是离开"先锋"号的 122 天之后，他们看到了远处有一个岛屿。这天正好是万里晴空，海上刮的是微微的顺风，没多久，他们便登上了岸。

这是法兰士约瑟夫群岛最北端的一个小岛。快进入 9 月，夏天即将过去，要想回到"先锋"号是不可能的了，他们得寻找合适的地点，准备越冬。

他们在岛上转了一圈，在一个附近有绝壁的地方建造营地。绝壁挺高，可以挡风，也可以抵御自然灾害的侵袭。周围有许多海鸥，海豹、海象和鱼

类也随处可见，那儿确是一个不乏新鲜肉食的最佳驻扎场所。

他们的营地其实只是个洞穴，无非在洞穴之上覆了几层厚厚的海象皮。为了防水和防风，所有有缝隙的地方都用石块和苔藓来塞住。他们在洞穴里过了第三个可怕的冬天。他们每天轮流到外面去寻找食物，另一个负责留守修理洞穴。

7个月后，即1896年5月19日，他们把小船拖入已经融化的大海，奋力向南划去。接着的两三个星期，数不清的灾难接连不止，与浮冰周旋还算是小事，海面上经常冒出一些被漫长的寒冬饿慌的海兽，把他们当成猎物。有一次，一头海象在他们还未反应过来时，便用大嘴撕走了船边的一块木板，冰凉的海水立刻涌了进来。这时幸好有块浮冰在附近，他们划到那里把漏洞补好，几天后，他们在一个岛屿上登陆。

这是他们第二次登上陆地，兴奋之情可想而知。但是意外的情况出现了，他们没把船绑好，船开始漂动了。约翰逊手足无措，只是发疯般地大叫。南森立刻脱掉衣服，跳进临近冰点的海水里。他的举动是以生命救生命——因为小船里有他们全部的生存资源，而身上却连一把小刀也没有，失去小船就等于失去生命。

南森真是命不该绝。他抓住了小船，跳了上去，并把船划了回来。

他们登上的是一个大岛。休息了几天，准备向南跋涉。6月16日，正当他们在收拾行装的时候，一群海象从海边扑了上来。他们只来得及抢出最必需的东西，眼巴巴看着海象群把他们的小舟撕啃得粉碎。

第二天，他们进入了岛的内地。一夜的深睡使他们醒来时依旧晕晕乎乎。这时南森听到了一声狗叫，他以为是幻觉。接着他又听到一声狗叫，远远的，却还清晰。南森慢慢站了起来，他们最后的两条狗早在一个月前就杀掉了。怎么现在还有狗声？南森呆滞了半晌，这才恍然大悟：附近有人！对，有狗就有人！

"啊，我听到了人的叫声！"3年间，南森第一次听到这么不熟悉的声音，他和约翰逊立刻抛下手中的东西，喘着气跑向冰丘的上头，这时的心脏激动得快要胀裂，头上的血液似乎也要沸腾了。接着他们在遥远的冰原中间，看到黑影在移动。

"那是一个人！"南森一边跑，一边挥动帽子。那人也一样，也不停地挥动帽子。

他们跑近了，这才确实听到了人类的声音，那人说的是英语。原来，那人是英国的探险家杰克逊。过了很久，南森才确信自己获救了。两人打招呼的情景十分感人，彼此都以为他们的相遇是在梦境。

1个月后，"维因多瓦"号便出现在他们的岛边，这船是来接杰克逊回国的。1896年8月13日，南森踏上了他离别3年的故土。

他的归国引起了挪威全国的轰动。但南森并未沉浸在他生还的喜悦中，他更关心"先锋"号的命运。7天之后的8月20日，一个惊人的消息使他差点儿晕倒：斯菲尔德船长的"先锋"号已在挪威的特罗姆瑟港靠岸，探险队员全都无恙归来。

原来，"先锋"号一直在冰上等待着南森。但它缺少机动能力，只能随冰飘浮。该船曾于1895年11月15日到达北纬85°55′，出现于北极海域的大西洋一边，那里距北极点仅454千米。后来，"先锋"号折向南方，朝斯匹次卑尔根群岛漂流，最后在该群岛北部用炸药破冰而出。

南森成了深入北极心脏地区的第一人，多次的探测表明，北冰洋里并没有大的陆地，而是一个深深的海盆，而且越往北水越深，至少深达3 700米。南森也是第一个验证北冰洋存在着由东向西流动的极地海流的人。

南森的探险队在北极圈内漂流了3年多，行程2 000余千米，广泛进行水深和水温测量，收集到大量的海洋物理环境的数据，极大地丰富了人类有关北极的知识。

一个杰出的人物凭着他的想像力和科学知识，组织并完成了伟大的北极探险。那艘功勋卓著的"先锋"号，至今还陈列在奥斯陆的博物馆里。

**知识点**

### 北极点

北极点是指地球自转轴穿过地心与地球表面相交，并指向北极星附近的交点。你若站在极点之上，"上北下南左西右东"的地理常识，便不再管用。你的前后左右，就都是朝着南方。你只需原地转一圈，便可自豪地宣称自己已经"环球一周"。只有用仪器，才能精密地确定北极点的准确位置。北极（南极）点上的时间实际采用"国际标准时间"即格林尼治时间。

不过，在极点之上，也会遇见难分时间的麻烦。众所周知，人类把地球按照经度线分成了不同的时区，每15°一个时区，全球共24个时区，每个时区相差1小时。而对于极点来说，地球所有经线都收拢到了一点，无所谓时差的划分，也就失去了时间的标准。

## 延伸阅读

### 北极的洋流

北极地区属于不折不扣的冰雪世界，但由于洋流的运动，北冰洋表面的海冰总在不停地漂移、裂解与融化，因而不可能像南极大陆那样经历数百万年积累起数千米厚的冰雪。所以，北极地区的冰雪总量只接近于南极的1/10，大部分集中在格陵兰岛的大陆性冰盖中，而北冰洋海冰、其他岛屿及周边陆地的永久性冰雪量仅占很小部分。

北冰洋表面的绝大部分终年被海冰覆盖，是地球上唯一的白色海洋。北冰洋海冰平均厚3米，冬季覆盖海洋总面积的73%，约有1 000～1 100万平方千米，夏季覆盖53%，约有750～800万平方千米。北冰洋中央的海冰已持续存在300万年，属永久性海冰。

## 南极探险大角逐

托勒密的《地理学》认为地球的南半球是亚洲和非洲大陆连接的大陆块。人们对它充满了幻想，也充满了神秘感。有人说，南极大陆是恶魔幽灵的生存之地，它的北部很热，南部很冷。因此，海员们对南极大陆是心怀恐惧的。但自15世纪以来，拜金的欲火焚毁了人们头上"恐惧"的紧箍咒。探险家们的头脑中也一直萦绕着有没有南极大陆的问题。一位又一位探险家奔往南极，可是都没有什么显著的收获。

时间到了1908年，这时出现了一场兴味盎然而又令人心酸的戏剧性角逐。竞争的对手是挪威的罗阿勒德·阿蒙森和英国的罗伯特·斯科特。

斯科特（1868～1912年）原是个爱幻想、作风懒散、情绪不稳定的海军士官候补生。他既不是探险家，也不是航海家，而是一个研究鱼雷的军事专家。他在参加探险队之后，意志变得很坚强，对部下要求很严格。1901年8月，这位海军中校曾率队到南极探险，为他后来向极地进军做了一次预习。

阿蒙森自开辟了从大西洋通往太平洋的极海西北航路后，接着就准备抵达北极点。但他为向挪威政府申请经费而耗掉了许多宝贵的时间。就在这个过程中，皮尔里到达北极点的消息传来了。这对于一心想取得这个荣誉的阿蒙森来说，不能不说是一个很大的刺激。他开始在心里做着另一番打算。

1909年，斯科特宣布要做一次新的探险，目标是到达南极点，并做各种科学考察。他选用了一艘旧捕鲸船"泰拉诺瓦号"，同行的有6位科学家。由于斯科特怀疑雪橇在南极探险中的作用，就没有带狗而是准备了19头强壮的西伯利亚小马。1910年6月1日从伦敦出发，先开往新西兰。

这时的阿蒙森正在"演戏"。在皮尔里抢先到达北极点之后，阿蒙森就决定悄悄地追赶斯科特，去争夺冲向南极点的冠军。表面上他仍装做要去北极，宣布他的航行路线是从挪威出发，经白令海进入北冰洋。1910年9月9日，阿蒙森的船到达非洲西北部的大西洋孤岛马德拉岛时，他还未向船员们说明他的意图。10月12日，到达墨尔本的斯科特突然收到阿蒙森从马德拉岛拍给他的电报："请允许我向您报告，我也要到南极去。"

角逐正式开始了！斯科特探险队起点在前，进展却不顺利。他们到达罗斯冰障东端的旧基地马克马多湾时，被流冰挡住了去路，只好沿着冰崖向鲸湾的东方前进，这时他看到了阿蒙森探险队的"弗拉姆"号已停泊在鲸湾的冰崖旁。

10月19日，阿蒙森带上4个队员和由52只狗拖着的4部雪橇出发，11月3日到达南纬82°，创造了新纪录。斯科特的队伍于11月1日才刚刚从马克马多湾出发，行装很重，所用的西伯利亚马在生理上不适应极地的寒冷。阿蒙森用的是一批强壮的爱斯基摩犬，并且把原来载重80千克的雪橇改装为25千克的重量，与斯科特相比，这的确是轻装前进的。

阿蒙森在极地的生活经验远比斯科特丰富得多，他十分了解极地旅行所需要的各种设备。比如，他学因纽特人穿着毛皮衣服，又舒服又暖和。斯科特设计的衣服则要比阿蒙森的重一倍，还容易受潮，活动起来很不方便。

阿蒙森从鲸湾基地出发后的第4天，就已前进了160千米。在第一个食物补给站休息了两天，当他们到达距南极点500千米的地方时，才是11月中旬，时间还很充裕。

斯科特从鲸湾出发的时间比阿蒙森晚，在罗斯冰障上花费了超出预计的时间，中间又遭遇了将近一个星期的暴风雪，一步都动弹不得。待暴风雪过后，积雪深得几乎没过了马肚子，须由队员在后面驱赶它们才肯前进。这样磨蹭了 15 个小时之后，万不得已，斯科特只好射杀了一些马匹。

由于这种种障碍，斯科特不仅要与阿蒙森抢时间，而且要与即将到来的极地严冬抢时间。

这中间也出现过对阿蒙森的队伍不利的小插曲。原来他们在攀登南极冰障前往南极点时，没有发现比较宽而平坦的攀登入口——比尔特毛尔冰河，而是从比较狭窄的阿克锡立·盖依别尔克冰河通过的。这一段路很难走，很陡也很长，积雪又深，遇有冰块挡路时，又得折回重走。所以他们也多花了些时间。不过，他们终于穿越过去了，并且保持着领先地位。

这时斯科特的队伍已更为艰苦，马都不行了，人拖着雪橇过冰河。12 月 22 日，当他们爬到 2 400 米的高度建造食物贮藏所时，队员们已经太累了，这时距目标还没走完一半的路程。

12 月 7 日，阿蒙森的队伍到达了当时为止的世界纪录——南纬 88°23′。为了庆祝这个胜利，阿蒙森把挪威国旗插在雪橇上，让它随风飘扬。他望着眼前的白色世界，呼吸着清新的空气，胸中溢满英雄式的悲壮感，使他不禁潸然泪下。12 月 13 日，阿蒙森的队伍在距极点 25 千米的地方扎营。入夜之后，人们非常兴奋，阿蒙森整夜都处于半睡半醒的状态。后来他在书中描述当时的心情时写道："我想起了小时候在圣诞节前夕的感觉，与那种感觉相同，此刻我心里充满了紧张和期待，明天会发生什么事？会有什么结果呢？"

第二天的结果是，他们于下午 3 点钟到达了南纬 90°——南极点。

他们把国旗竖立在预定留在南极点的帐篷顶上。队员们都以特殊的食物来庆祝这一胜利。12 月 17 日开始迈出凯旋的步子。

角逐另一方的情况就凄惨了。1912 年元旦时，斯科特队离极点只有 270 千米，食物也还充分。三天后，斯科特临时决定增加一名突击队员，这就带来了一些麻烦问题。帐篷、食品、滑雪用具等等，原来都是按 4 个人准备的。增加一个人后，就不够分配了。少一副滑雪用具，当然就要影响全队的行进速度，一天只能走 16 千米。

这支步履艰难的探险队，走着，走着，有一个队员突然发现前方有个黑点，走得愈近愈清楚，那是绑在雪橇推棒上的黑色旗子，附近有扎营的痕迹。他们确认了挪威人已先到一步。斯科特说，当时"大家都像是被打倒了一般"。他对忠实的伙伴们，不知应该怎样向他们道歉。

1月17日，斯科特的队伍也到达了南极点，在挪威人的帐篷里找到了阿蒙森留给斯科特的队伍的一封信。他们在沮丧的情绪中把英国国旗竖在这个帐篷旁边。

第二天他们就踏上了归程，在这世界上最难行走的地方，他们要行走1 500千米才能到达营地。没多久，有的队员患

阿蒙森到达南极

坏血病了，有的生冻疮了，有的眼睛疼，而所有人都有无尽的疲倦。正是在这个时候，阿蒙森的队伍已经快回到鲸湾基地了。他们以99天的时间走完了3 350千米的路程。此行并非如想像的那么困难。然而，当他们这里落下了以欢庆胜利为尾声的帷幕时，真正的悲剧却正在另一方启幕。

斯科特的队伍于2月7日到达了强风不断吹袭的比尔特毛尔冰河的露岸地带。虽然绝望与酷寒已使他们衰弱不堪，但科学的目标仍驱使他们收集了附近15千米的岩石标本，以备日后做研究用。由于体力不支，爬下冰河花费了比预定更多的时间。途中有一位队员摔伤后死去，还有一位队员双脚冻伤严重，明知自己已无法前进，为了不拖累全队，就在一天夜里离开队伍，消失在无情的暴风雪中了。

还有三个人，所剩的燃料油仅仅够他们做饭和取暖用。可偏偏又不小心，让油从罐子底下慢慢漏掉了不少。

3月21日，离他们在归途上的下一个食物贮藏所还有20千米，这本是可以很快赶到的，但一场暴风雪又迫使他们不得不就地宿营，还保存着一点儿力气的斯科特在日记上写着："假使我能生存下来。一定要将同伴们的勇敢和毅力写成故事。现在唯一能令我感到安慰的是，这一本很短的日记和我们的遗体，至少能说明我们到底做了什么事。"

大约过了一个星期之后，日记上留下了他的绝笔："昨天和今天，只要有机会，我们随时都可以出发前往20千米远的食物贮藏地，但是直到今天傍晚，帐篷外的暴风雪仍然继续不断。虽然大家都很失望，但我们还是要忍耐

到最后。我们的身体已经愈来愈虚弱，距离最后的死亡已不太远。很遗憾，我无法再写下去，斯科特。上帝呵，请保护我的同伴吧！"

企鹅群集的壮观场面

当8个月后人们发现他们的遗体时，看到两名队员都睡在睡袋里，互相靠在一起，斯科特的睡袋是打开的，伸出一只手放在一名队员的身上。他们的遗体旁有一个大袋子，里面装着企图运回基地做研究用的15千克冰河岩石。不，那里面装的是他们的执著追求，它存留在科学家们生命的最后一息！

阿蒙森和斯科特的探险队先后到达南极，并带回了大量的考察记录，他们以自己非凡的英雄行为向世界雄辩地证明了南极大陆的存在。

**知识点**

**南极点**

南极点终年被冰雪覆盖，冰雪厚度达2 000米，海拔高度为3 800米；气候异常恶劣，年平均气温为零下49℃，年平均降水量3毫米。

站在南极点上，只有北方一个方向；这里太阳一年只升落一次，有半年太阳永不落，全是白天，又称"极昼"；有半年见不到太阳，全是黑夜，又称"极夜"。

　　如果说沿着地球的某一条纬线转一圈就算绕地球一圈的话，在南极点是最省力的方法，只需要围绕南极点走一圈，几秒钟就能环球一周；在南极点，你还可以一只脚在东半球，另一只脚在西半球；你可以一半身体属于今天，另一半身体属于昨天。

## 延伸阅读

### 极点移动

　　由于地球自转的原因，北极点和南极点始终处在不断的移动之中，这种移动叫做极移。极移范围很小，经观测，1967 年到 1973 年间，地极移动仅 15 米左右。

　　例如，南极点并非是南极冰盖的最高点，覆盖在南极点上面的冰雪以每年 10 米左右的速度移动，因此，科学家每年都要重新标定一次南极点的最新位置，安上标志。目前南极点附近的冰层每年大约向西经 43° 方向塑性流动 10 米左右。由于南极大陆特殊的气候原因，每年在南半球夏天，美国南极考察队都会来到南极点，通过精确测量，获得新的南极点。南极点的标志是一个立柱上的金属球。这是个地理的极致，既无方向，亦无时间，完全类似于数学矩阵计算中的奇点。而真正的极点则是每年 12 月 31 日精确测定，由于极点地区的冰盖每年向西经 43° 方向移动 10 ~ 20 米，因此可以清楚地看出历年的极点标似乎排成一长列。

## 冈瓦纳古陆之谜

### 大自然布下的疑团

　　1912 年初，英国斯科特探险队一行四人，在到达南极极点之后，走上更加艰苦的归途。

　　2 月初的一天，他们在南极横断山脉中段，彼尔德莫冰川上部的一个山脚下宿营。忽然，他们在自己身边的岩壁上发现了黑黝黝的煤层。一个叫威

尔逊的生物学家在这些岩层中，还找到一些保存得很好的植物化石。

他们把这些化石标本从岩石中取下来，仔细地包裹好，放在雪橇上，继续在归途中艰难地前进。

8个月过去了。第二年的南极春天来临的时候，一个搜索小组在罗斯冰架找到了他们的遗体。在他们的身边找到了这些珍贵的化石标本。

这些化石标本，只不过是一些印在岩层上的植物叶片的痕迹，已经很残破了。可是，有经验的古生物学家就根据这些残迹，恢复出这种植物的形态，并且准确地确定了它的种类。

原来，这是一种古老的羊齿植物，生活在大约2.5亿年以前，因为它的叶子宽大，样子有点像舌头，就给它起了个舌羊齿的名称。

在今天的地球上，仍然生长着一些羊齿植物，它们常常生活在温暖、潮湿的森林里。它没有花，也不结果，成熟后细小的孢子落到地上，就长出新的植株。在今天的植物家族中，羊齿植物只能算一种比较低级的植物。可是，在两亿多年前，这种植物是当时地球上占绝对优势的植物之一，可以长成高大的树木，组成茂密的森林。后来，地壳发生了变动，它们被埋在地下，慢慢地变成了煤。

这种煤层在南极分布得十分普遍，整个横断山脉几乎到处都可以找到它，储量也极为丰富。这说明，当时南极有生长着大片羊齿植物的森林。

可是，喜爱湿热环境的羊齿植物，跟严寒的冰雪世界，是根本不相容的，它们怎么会出现在一处呢？如果说，南极曾经有过比较温暖、湿润的气候，那么为什么会变冷？极地的气候，又怎么会是温暖的呢？

大自然布下的疑团，使人们迷惑不解。

## 古老大陆冈瓦纳

就在南极探险家为化石带来的疑团大伤脑筋的前后，在地球科学历史上，发生了一件影响很大的事情。

1912年，德国气象学家魏格纳提出了一个学说，叫做"大陆漂移说"。这个学说认为：地球上一块块分散的大陆，在很古老的时候，是连在一起的。后来由于地壳的活动，古老的大陆裂开了，开始"漂移"，逐渐形成了今天地球上的大陆分布。

这个学说认为：南极大陆在两亿多年前，并不在现在的位置上。当时它和南美洲、非洲、澳大利亚、印度半岛、阿拉伯半岛等连在一起，这块古老的大陆就叫冈瓦纳大陆。它距离赤道比现在近，气候比现在也暖和得多。

既然是曾经连在一起的陆地，它们的地质、古生物等各方面的情况，大概是很相似的吧！

多年来，科学家对冈瓦纳古陆的碎片，也就是非洲、南美洲、澳大利亚、南极等几块大陆，进行了大量的考察和研究，找到了许多证据，说明在地质历史上，这些大陆真是连在一起的。

比如说，在南极发现的舌羊齿化石，在其他几块大陆上，几乎都找到了，而且分布得很有规律。这说明当时的冈瓦纳古陆上，气候温暖湿润，到处是生长着高大的舌羊齿森林。后来，它们都变成了煤层，在这几块大陆上也都可以找到。但是，单有舌羊齿化石这一项发现，还不足以证明大陆漂移学说，不足以证明南极大陆就是冈瓦纳古陆的一个部分。

大陆漂移说的反对者又提出了新的疑问。他们说，舌羊齿是靠孢子繁殖后代的。孢子又轻又小，它的传播完全可以不受大海大洋限制。因为，风可以把小小的孢子，从非洲、澳大利亚等地方，吹送到遥远的南极，奔流不息的海流，同样也可以把漂浮在水面上的孢子送到海洋的另一边去。

有没有其他证据可以证明南极曾是冈瓦纳古陆的一部分呢？

舌羊齿化石

## 新的证据

随着对南极探险和研究的日益深入，新的证据终于找到了。这是在斯科特发现舌羊齿化石50多年后的1967年。

事情仍然出在彼尔德莫冰川附近。一只美国地质考察队爬上了冰川西侧的一座尖削的山峰，四周一望无垠的白雪跟暗色的山岩，形成了鲜明的对比。一层层性质不同的岩石，水平状地堆积起来，有沙粒胶结起来的砂岩，有淤泥变成的页岩，颜色也各不相同。

在这个山峰陡崖上部的砂岩地层中，考察队找到了一些古老动物骨骼的

碎片。可惜，这些骨胳已经太破碎了，没有丰富的知识和经验，就无法辨别出它到底是什么。

他们只好把这些碎片送到美国纽约自然博物馆。在那里有一位著名的古生物学家，经过他的研究和鉴定，确认它是一种生活在 3 亿年前的迷齿类动物的下颚骨。这类动物是世界上一切陆生兽类的祖先。

在生物进化史上，迷齿类动物占据着十分重要的地位。在地球上还没有出现迷齿类动物以前，动物生活在海洋里或陆地上的淡水中，正是迷齿类动物第一个离开了原来生活的淡水湖沼，走上了陆地。

可是，在离南极 3 000 多千米以外的南非的地层中，也发现过大量的迷齿类化石。难道它们有这样大的本领，能从南极大陆的腹地越过大洋飞到南非去吗？当然不是。

要知道，迷齿类是一种只能在淡水中生活的动物。含盐量相当高的海水，对迷齿类动物来说是一道不可逾越的障碍。它的体形也不适于长距离游泳，让这种动物在惊涛骇浪中横渡千里海洋，是根本不可能的。

这又为大陆漂移说提供了一个有力的证据，因为，除了用各大陆在当时曾经连在一起这样的事实来解释，其他的解释都是讲不通的。

既然发现了迷齿类化石，就有可能找到更多更新的动物化石。

1969 年到 1970 年的夏天，一只古生物考察队，又来到彼尔德莫冰川附近。

中国地质学家在南极探索冈瓦纳

考察工作进行得惊人地顺利。野外工作的第一天，就在古代河流的砾石层中，找到新的化石。这些化石也不是很完整的。但是数量非常多，简直可以说是俯拾皆是。这种情况在世界上是罕见的，只有在南非的卡洛盆地才碰到过同样的情况。

科学家发现的是一种长相十分古怪的动物。外形像河马，但是个子很小，还没有一只羊大。长圆形的脑袋上长着一双深陷的眼睛和一个高高突起的鼻子，嘴巴朝下，两根獠牙从上颚伸出，嘴巴里再也没有其他牙齿了。这种动物叫水龙兽，生活的年代距今约两亿多年。不久，这种动物就绝迹了，接下去，各种恐龙就成了地球上的霸王。重要的是，这种水龙兽的化石，在南非和印度也都有。

水龙兽的发现，说明在两亿年前南极还是冈瓦纳古陆的一部分，气候也并不是今天这样冰封雪盖的样子，而是一个适合于动物生存的环境。

### 古老冰川的遗迹

可以证明冈瓦纳古陆存在的，不仅有生物化石，还有大陆上的岩层。有人说，地球上各种岩层就是一本巨大无比的百科全书。岩层中埋藏的各种各样的化石就是这本大书中的奇特文字。这些文字，有专门知识的科学家就能读懂。

可是，有时候地层中并没有化石。这也不怕，岩层本身也是一种"文字"。比如，在南极大陆的崇山峻岭中间找到的冰碛岩，也为大陆漂移说提供了证据。

什么叫冰碛岩呢？冰碛岩是冰川移动的时候，挟带的岩石和泥土堆积成的一种岩石。巨大的冰川，沿着山谷或斜坡缓缓地流动，就像一个巨型的推土机，具有无比巨大的力量。它剥蚀着下面的和两侧的岩石和泥土，把它们掘出来，统统带到冰体的内部，一起流动。这些挟带在冰体内的石块，彼此摩擦着、挤压着，在岩块表面上刻出一条条深深的擦痕。后来，冰川消融了，混在冰体中的杂七杂八的岩块、碎石、沙粒和泥土，一古脑儿地堆积下来，成为岩石。各种沉积物，杂乱无章地堆在一起，很难找到明显的层次，这就是冰碛岩的特征。

冰碛岩中的岩块表面上的擦痕，还可以告诉我们，冰川从哪儿来，流向哪儿去。

1960 年，一支地质考察队在南极横断山脉中段一个山峰的悬崖上，发现了冰碛岩。这里的冰碛岩，堆积得有二百多米厚，上面覆盖的砂岩和页岩中，含有舌羊齿植物的化石；冰碛岩下面，是更古老的地层。

这样的冰川遗迹，在南极分布得十分广泛，整个横断山脉到处都可以找到它。有的地方冰碛岩竟有 1 100 米厚。可见，形成这些冰碛岩的冰川规模非常大。

也许你会说：南极这块地方本来挺冷，发现冰碛岩不是一件很平常的事吗？在南极发现冰碛岩，似乎不值得奇怪。但是，如果把这件事和另外的一些发现联系在一起考虑，那就确实奇怪了。

原来，在南极发现冰碛岩以前，人们早就在南非、澳大利亚等地发现了同样的冰碛岩。测算这些冰碛岩生成的年代，和南极大陆上的冰碛岩一样古老，都是生成于距今 3 亿到 2.7 亿年之间。这些冰碛岩分布很广，说明当时这些地方的冰川规模也很大。

这就提出了一个问题。发现这种冰碛岩的大陆，彼此相隔很远，有的在热带，有的在温带，有的在极地。照这样说，当时的几乎半个地球岂不是都被冰盖盖起来了吗？

那当然是不可能的。大陆漂移说为这个奇怪的现象找到了合理的解释：这些大陆在当时都是连在一起的，并且处在极地附近。所以，这块古大陆的大部分，都被冰覆盖着。这就是这些地方的冰碛岩的由来。这个解释，同时也解答了另一个问题。

当初，在南非南部和澳大利亚南部发现冰碛岩的时候，科学家们发现这些冰碛岩上的擦痕很奇怪。如果按照这些擦痕来判断，这两块大陆上的冰川都是来自南面的海洋。也就是说，冰川从海洋流向陆地。

海洋成了大陆上冰川的发源地，实在不可理解。南极冰碛岩的发现，使这些疑难问题迎刃而解。原来当时南非南部和澳大利亚南部，都和南极连接着。南极大陆才是冰川的真正发源地。巨大的冰川从南极流向南非和澳大利亚，把冰碛岩遗留在这几块大陆上。冰碛岩上的擦痕，也正好说明了古老冰川从南向北的运动。

总之，科学上的种种发现，告诉我们冈瓦纳古陆的确是存在的。离现在 3 亿年到 2.7 亿年前，冈瓦纳古陆离南极比较近，大部分地区被巨大的冰盖覆盖着。后来，它又逐渐向北漂移，离开了极地，漂向赤道。气候转暖了，古陆上许多地方生长起茂密的舌羊齿森林，并且还出现了迷齿类、水龙兽一类的古动物。直到 2.2 亿年到 2 亿年前，冈瓦纳古陆分裂了，它的碎块逐渐漂移到了今天的位置上，成了南极洲、非洲、澳大利亚、南美洲、印度……

正因为南极大陆上的许多发现，解开了冈瓦纳古陆之谜，所以人们又把南极大陆称为"打开冈瓦纳古陆之谜的一把钥匙"。

→ 知识点

### 罗斯冰架

　　该冰架是英国船长詹姆斯·克拉克·罗斯爵士于1840年在一次定位南磁极的考察活动中发现的。他们在坚冰中寻觅途径，来到外海时便碰见一座直立的、高出海面50～60米的冰崖。该冰崖挡住了他们的去路。为了纪念这次发现，取名"罗斯冰架"。它是一个巨大的三角形冰筏，几乎塞满了南极洲海岸的一个海湾。它宽约800千米，向内陆方向深入约970千米，是最大的浮冰，其面积和法国相当。一部分海岸线是一条连续不断的悬崖线，在其他地方则是有海湾和岬角。冰的厚度在185～760米间变化。罗斯冰架像一艘锚泊很松的筏子，正以每天1.5～3米左右的速度被推到海里，部分原因是由于冰川从陆地流出之故。大块的冰从冰架脱离，形成冰山后浮去。

延伸阅读

### "大陆漂移学说"的诞生

　　1910年，德国气象学家、地球物理学家魏格纳在医院的候诊室里，一边看地图一边等着治牙。这时，他突然惊奇地发现了一个非常有趣的现象，大西洋两岸的轮廓竟是如此自然的遥相对应：巴西东端的突出部分与非洲的几内亚湾，就像是一张纸上剪下来的那样吻合；巴西海岸的每一个突出部分，都可以在非洲西岸找到相对应的海湾……魏格纳的脑子里不由得掠过一个惊人的念头，难道非洲大陆与美洲大陆曾经是连在一起的？

　　魏格纳于是考察了大西洋两岸的山系和地层，发现在它们之间处处都可以连接起来：非洲南端的开普敦山脉可以与南美的布宜诺斯艾利斯连接；非洲高原和巴西高原的岩石一致；欧洲的煤层可以延续到北美洲；挪威和苏格兰的山系又恰好与大西洋对岸的阿巴拉契亚山系北段衔接……它们就像一张被撕碎的报纸，可以拼接起来。在获得了多方面的证据后，魏格纳于1915年，发表了震惊世界的著作《海陆的起源》，"大陆漂移学说"从此诞生了。

# 两极基本概貌

>>>>>

　　我们通常说的南极并不是一个点，而是指南极圈以内的地区，即南纬66°33′线圈以内，包括南极洲及它周围的海岛和海洋，总面积达2 100万平方千米，其中大陆面积约1 420万平方千米，海域面积为680万平方千米。

　　我们通常所说的北极，指的是北极圈以内的整个地区，即北纬66°33′这条线以北的地方，由北冰洋以及周边陆地组成，其陆地部分包括了格陵兰、北欧三国、俄罗斯北部、美国阿拉斯加北部以及加拿大北部。岛屿很多，最大的是格陵兰岛。

　　极地终年白雪覆盖，气温非常低。当从太空望向地球时，可看到南北极的地形完全不同。南极是一块广大的陆块，称做南极洲；而北极则是一片汪洋，称做北极海。

## 两极的位置及分界

　　众所周知，地球有南极和北极，但对我们绝大多数人来说，南极和北极天寒地冻、人迹罕见，是那么遥远和神秘，那么，它们究竟在哪里呢？

　　地球最南边的一个点，叫做南极点，它位于南极大陆上，人们在那儿建立了永久性的标志物。但我们通常说的南极并不是指这一个点，而是指南极圈以内的地区，即南纬66°33′线圈以内，包括南极洲及它周围的海岛和海洋，总面积达2 100万平方千米，其中大陆面积约1 420万平方千米，海域面积为

680万平方千米。

南极圈是南温带和南寒带的分界线，南极圈以南的区域，阳光斜射，虽然有一段时间太阳总在地平线上照射（极昼），但正午太阳高度角也很小，因而获得太阳热量很少，称为南寒带。事实上，南极圈是南半球上发生极昼、极夜现象最北的界线。

南极区，尤其是南极洲，终年被冰雪所覆盖，

南极点标志

冰层的平均厚度达1 950米。冰块在自身重量的作用下，从南极区端点的最高处向下缓缓地滑动，可穿过高山峻岭、越过平原，在滑行中逐渐减小自己的厚度，到达周缘海岸的冰只有1 600米厚，却仍然属于巨大的冰块类型。巨大的冰块漂浮在海面上，形成海洋冰山，又称浮冰。因此，在南极大陆四周的海域内，不仅于4月到12月的季节里存在着50米厚、160～1 600千米宽的冰丛带，就是在夏季，虽因气温升高而导致冰块大量地融化，也仍漂浮着许多残存的冰块，即使现代化的船舶也难以在这一带海域里航行。在其他的季节里，南极海域整体冰封，探险的船只被冰冻在这里，狗拉的雪橇和履带式拖拉机成为这里的主要运输工具。近来，航空运输已大量地介入。

北极是地球最北端的一个点，叫做北极点，它在北冰洋的中心海域里，一年四季都被冰雪覆盖着，巨大的冰山经常会突然裂开、然后顺着海流漂移。所以，人即使到达了北极点，想确定它，也很不容易，直到现在，北极点也没有实际的标志物。不过，我们现在通常所说的北极，指的是北极圈以内的整个地区，即北纬66°33′这条线以北的地方，由北冰洋以及周边陆地组成，其陆地部分包括了格陵兰、北欧三国、俄罗斯北部、美国阿拉斯加北部以及加拿大北部。岛屿很多，最大的是格陵兰岛。

我们把南极区和北极区统称为极区。极区几乎长年被冰雪覆盖，从它们的表观景致，又被称为"极区冰原"。

南极区北部的理论界线为南纬66°33′线圈。这一数量上的明确位置，却

格陵兰岛

落在了南极边缘海域无标志的蔚蓝色的海面上。如何在实地确定这条界线，可是一件棘手的事。不过，南极区特殊的气候环境与它北部毗邻地区的差异性，在它们之间形成了南极区边缘辐合带，也称"南半球极地锋面带"，这就是南极区的边界线。

造成这条南极区边界标志的决定性因素是温度。由于南极区海域表层水不仅低温，而且密度高，当它到达南部边缘水温较高、密度相对变小的海区时，以其自身的重力作用，迅速沉降到暖水层下。在大洋中构成巨大的经向环流系统，形成影响地球气候的寒流，并于南极区北部边缘地带产生了明显的海水辐聚现象，形成了辐聚带，即辐合带。这里便是南极区北部边缘的实地界限。辐合带的位置具有可变性，它随季节性的时间变更发生移动，其宽度约30～50千米，明显地表现出海洋特征。

1955年，英国探险家瓦利·赫伯特第一次去南极探险后。在他的探险录中写道："当我们穿过雾障，来到天气晴朗的海域时，发觉海水改变了颜色，温度计上的读数下降了好几度，海洋中的生物出现了显著的差异，海水化学成分明显不同，气候和盘旋在海面上空的鸟类等，一切都发生了变化，呈现出崭新的景致。"

海水表层的辐合带是南极区边界的现场划分线，该带上空的笼罩云雾也是南极航海者进入南极区的直观标志。它们都是南寒带与南温带的分界线。

北极区主要是由中央部分的北冰洋所构成的，它占北极区总面积的

62％，其周缘分布着欧亚和北美洲大陆的延伸部分。这种势头，虽然造成了北极区的气温偏高，但却为边界的实地划分带来了困难，出现了过渡带，数量上的北纬66°33′只是书本上的理论界线。

北极区南部边界实地的划分，众说纷纭。地质和生物学家认为，地球表面上终年冰冻的永久性冻土消失带，便是北极区的边界；物理学家则利用地磁现象来确定。他们的依据是，北极区内具有异常的磁暴现象和无线电波中断的特征。故此，他们将磁性减弱、无线电波微通的地带划为北极区的南部边缘地带；气象学家是根据气温的变化数值来划分的，他们以年平均温度在零下10℃为界线，这个界线清楚而明白；也有的以一年中最热月份气温来划分，即陆上为10℃等温线、海洋为5℃等温线为界限；还有的用植物带等自然地理界线作为北极区南边界的划分标志。然而，用植物带来划分北极区的边界是不可靠的，因为它受不同类型的植物干扰。

那么，北极区的南边界到底应定在哪里？通常，人们是把北极区的边界与北冰洋的界限等同起来，即被不毛之地和冰封的岛屿所包围起来的北冰洋界线就是北极区的边界。

## 知识点

### 磁暴现象

当太阳表面活动旺盛，特别是在太阳黑子极大期时，太阳表面的闪焰爆发次数也会增加，闪焰爆发时会辐射出 X 射线、紫外线、可见光及高能量的质子和电子束。其中的带电粒子（质子、电子）形成的电流冲击地球磁场，引发短波通讯所称的磁暴。其强烈程度是相对各种地磁扰动而言的。其实地面地磁场变化量较其平静值是很微小的。在中低纬度地区，地面地磁场变化量很少有超过几百纳特的，而地面地磁场的宁静值在全球绝大多数地区都超过 3 万纳特。一般的磁暴都需要在地磁台用专门仪器做系统观测才能发现。

磁暴是常见现象。不发生磁暴的月份是很少的，当太阳活动增强时，可能一个月发生数次。有时一次磁暴发生 27 天（一个太阳自转周期）后，又有磁暴发生。这类磁暴称为重现性磁暴。重现次数一般为一两次。

**延伸阅读**

## 穿越南北极第一人

1979 年 9 月 2 日，英国的兰努尔夫·菲内斯爵士辞别了查尔斯王储，率探险队乘"本杰明·鲍英"号船驶离英国的泰晤士河，从而开始了人类有史以来第一次穿越南北极的环球探险。他们在穿越南极大陆途中，克服了种种困难，终于在 1981 年 1 月 11 日到达了新西兰的南极站——斯科特站，历时75 天。1982 年夏季，爵士和伯顿两人乘雪地摩托车，离开北冰洋的埃尔斯米尔岛北岸的越冬地，去征服最后的路程——北冰洋。一路上因冰墙太多，他们舍弃了雪地摩托车，拉起装有 72 千克物资的玻璃钢雪橇，一步步地向北极点挺进。他们克服了常人无法想像的困难，终于在 1982 年 4 月 11 日胜利到达北极点。经过 99 天的艰苦跋涉，他俩终于走出冰海，回到"本杰明·鲍英"号船，当他们返回英国时，受到了人们的热烈欢迎。至此，历时 3 年的首次穿越南北两极的探险结束了，行程达 56 000 千米。

## 冰天雪地的南北极

我们知道，从我国南方的海南岛到北方的黑龙江，气候从热带变为温带和寒温带，南方炎热，北方寒冷。如果推而广之，即从赤道往南往北，纬度越高，温度越低，气候越寒冷，一般来说，这是符合客观事实的，这也是我们地球上气温分布的一般规律。

有了上述概念，那么，我们就很容易得出南北极气候的一个显著特点，那就是酷冷。

在北极地区，多年平均气温约为 -18℃，北极海域中部冬季（1 月）平均气温为 -40℃，夏季（7 月）平均气温为 0.2℃。前苏联的北极漂流站冬季在北极附近曾测得 -52℃ 的最低温。

与北极地区相比，南极地区的气温还要低得多，这里的多年平均气温为 -49.3℃，比北极地区（-18℃）还要低 31.3℃。在寒季时，气温更低得惊人，南极点附近冬季（7 月）时可达到 -80℃ 以下，1968 年 7 月 19 日美国在南极洲东部的高原站测得 -85.5℃ 的低温，1960 年 8 月 24 日，科学家在南极大陆前苏联科学站——东方站（南纬78°，东经106°52′）记录到的最低气温更达到 -88.3℃，这也是到目前为止，人类记录到的最低气温。南极地区夏季（从11月到次年3月）气温也很低，温度一般在 -10℃左右，即使在北部沿海和附近的一些岛屿，也大都不超过0℃。可见，南极是地球上名副其实的寒极。

那么，为什么地球两极的气候那样寒冷，而且南极地区比北极地区更冷呢？

首先，南、北极地区所受到的阳光照射的热量最少。北极和南极都是有半年不见太阳，在其他季节里，阳光照射到这两个地区的角度也很小。因此，一般说来，纬度越高，气温越低，天气越冷。

其次，北极地区为一片广阔的海洋，受海洋影响较大，而海水储热能力较强，加之受到大西洋和太平洋流入的暖水层的影响，因而温度较高；而南极地区为大块陆地，陆地散热快，冷空气容易聚集，所以南极地区温度更低。这也是为什么北半球的寒极不在北极中心而在俄罗斯西伯利亚东北部的主要原因。西伯利亚东北部的奥伊米亚康和维尔霍杨斯克，受强烈大陆性气候的影响，虽然它们的纬度位置只在北纬约63.5°和67.5°，但测得的最低气温分别达到 -71℃和 -70℃，比北极附近的最低气温还要低得多，从而成为北半球的寒极。

再次，南极大陆的平均高程约为2 350米，是地球上最高的大陆。我们知道，在同一地区，地势越高，天气越冷，一般每升高100米，气温就下降0.65℃左右。就地势相比，北极处在海平面附近，而南极则高出海平面约2 800米，光高差这一点就可造成南、北极18.2℃的温差。

奥伊米亚康

南极点的海拔高程是2 800米，前苏联东方站为3 488米，这两个地方的光照条件差不多，可东方站比南极点高688米，所以，东方站比南极点更冷。南

极高原最高的地方要达到 4 200 米，比东方站还高 712 米，将来如果在那里建立科学站可能会测量到比东方站更低的气温。

最后，南极大陆 95% 以上的地区被冰雪覆盖，万年冰雪终年不化，阳光照射到雪白的冰面上，90% 以上的热量都被反射掉了，冰面吸收的热量很少，很难加热冰面附近的空气；而北极地区的情况则不同，北冰洋的冰在夏季大部被化开，海水能够大量吸收太阳光能，并且加热水面的空气，海水的比热容比冰大得多，能够长时间地调节北冰洋的气候，所以，北极地区比南极地区气温要高。

地球两极严寒的气候，使南、北极地区天寒地冻、冰雪覆盖。

南极大陆面积的 95% 被万年冰雪覆盖着，总面积达到 1 200 万平方千米，是地球上第一大冰盖，它的平均厚度超过 2 000 米，体积达到 2 400 万立方千米以上，是地球上巨大的冰库和淡水资源库，有人估计，如果这些冰全部融化，可使全球的海平面升高大约 60 米，绝大多数沿海城市将会被海水淹没，地球的陆地面积也将会因此而缩小 2 000 万平方千米，给人类带来巨大的灾难，可见南极冰盖储藏的水量之大。

南极大陆冰盖像一个巨大的盾，中间高，四周低，冰盖最大厚度达到 4 645 米。冰层的温度在距地表 10 米以上，是随当地气温的变化而变化的，而距地表 10 米以下，则温度随深度的增加而升高，这主要是受到地温影响的缘故。在一定深度下，冰层温度接近 0℃。在冰盖本身的巨大压力下，南极冰盖就会发生变形和流动，流动速度缓慢，流动方向为由大陆内部向外，在大陆边缘，由冰架和大陆冰川前缘分裂出大量冰山，注入海洋，而大陆内部又年复一年地补充积雪，最后变成冰，这样形成一种特殊的水循环，在气候比较稳定的情况下，南极冰盖也就保持相对的稳定。

据科学家们研究，南极冰盖的形成比地球上其他地区都早，大约在距今 2 600 万年前的渐新世（地质纪年单位）就开始出现了，到距今 500 万年时，其规模就达到和现在一样大小。在后来的几百万年中，又经过多次变化，到距今 18 000 年前，当时地球气候寒冷，处在冰期鼎盛时期，南极冰盖规模也比现在大得多，它的平均厚度比现在的南极冰盖还要厚 500 ~ 1 000 米。距今 15 000 年以来，地球气候转暖，南极冰盖才逐渐缩小到现在的规模。

如前所述，南极冰盖中间高，四周低，并从大陆内部向沿海缓缓倾斜，但是，在离海岸 100 ~ 200 千米的地面，冰面往往突然变陡，形成巨大的冰陡坎，海拔高度从 2 000 米左右降落到 100 ~ 200 米。

南极冰盖的冰处在不断流动状态，在内陆高原地形平缓的地区，冰流速度很小，每年只有 1 ~ 10 米；沿海地区冰面坡度较陡，流动速度较快，每年可达数百米。冰盖冰在沿海流入海洋，漂浮在海面之上，称为冰架。南极冰架主要分布在纬度较高的海湾里，总面积达到 158 万平方千米，其中最著

南极冰盖

名的有罗斯海的罗斯冰架和威德尔海的菲尔希内尔冰架和罗尼冰架。罗斯冰架的面积达 45 ~ 50 万平方千米，比两个英国的面积还要大，是当今世界上最大的浮动冰块。据测量，罗斯冰架后缘与大陆冰盖连接的地方厚 700 米，冰架前缘厚 200 米。冰架是漂浮在海面上的。它的水上部分的高度是总厚度的 1/7 到 1/5，所以，罗斯冰架在前缘形成 40 ~ 50 米的冰陡坎，冰陡坎蜿蜒曲折 900 千米，陡峭险峻，远远望去如一堵巨大的冰墙，成为阻碍探险家们接近南极大陆的天险屏障，被探险家们称为"冰障"。

一方面冰架不断得到大陆冰川和本身表面冰雪的补给，因而得以长期存在，另一方面是冰架前缘海水融化，不断分离出一座座冰山，向北漂移，因而冰架基本处于平衡状态。

南极地区不仅存在巨大的冰盖和陆缘冰（冰架），而且大陆四周的海域也冻结着常年不化的海冰，这种与海岸连接的冰面，称为封海冰。

南极大陆沿海一般从夏末（3、4 月）开始结冰，开始是薄薄一层，薄冰被波浪打碎后，又相互重叠，数天后冰块与冰块冻结在一起，把海面完全封冻，1 个月后，海冰厚度即可达到 0.5 米，3 个月后，即可达到 1 米。平整而结实的海面冰面，成了南极考察队员的天然运动场。

最冷月（8 ~ 9 月），南极海区封冻北界可达南纬 60°，有时甚至达到南纬 55°线，这时的冰盖面积可达 2 260 万平方千米，几乎等于南极冰盖面积的 2 倍。巨大的海洋冰盖把南极大陆团团封锁，使它更加远离尘世，更加神秘

莫测。

到了暖季，封海冰开始解冻，分裂成大大小小的块冰，密密麻麻地漂浮在海面上，海面封冻边界也不断南移。到了2月，绝大部分海冰被化开，成为漂流在海洋上的浮冰。南大洋上的海冰，严重地阻碍了通往南极洲的海上航运。即使在夏季（12～2月），开往南极大陆沿海科学考察站的远洋轮，也常常被密集的浮冰包围，进退不得。

在北极地区，北冰洋上分布着许多大小不等的岛屿，总面积约380万平方千米，其中大部分岛屿位于北极圈以北，气候严寒，因而，许多岛屿上也被冰雪覆盖，那皑皑白雪，给北极各岛屿裹上了一层银装，在阳光照耀下，晶莹璀璨，美丽壮观。

据统计，北冰洋各岛屿上的现代冰川覆盖面积约210万平方千米，占岛屿总面积的55%。其中，世界第一大岛格陵兰岛，总面积217.56万平方千米，但全岛有84%的面积被巨厚的冰层覆盖，真可谓茫茫原野，一片银白。格陵兰冰盖为地球上第二大冰盖，面积达172.6万平方千米，冰层平均厚度1 515米，最大厚度为3 410米，其水量相当于235万立方千米，也是地球上一个巨大的淡水库。

除了格陵兰大冰盖，各岛屿上还分布着大大小小的山谷冰川，山谷冰川一直伸向海中，有如"白龙"戏水，或数条山谷冰川在山麓呈扇形延伸，形成冰棚。

辽阔的北冰洋，并不像其他三大洋那样，总是碧波万顷，一片深蓝，相反，在一年的大部分时间里，北冰洋上却是千里冰封，万里雪飘。据测算，在寒冷的冬季，北冰洋的中心海域几乎全部冻结形成冰盖，大陆沿岸的岸冰向北扩展，与冰盖连在一起，仅纬度较低的北欧海域及部分边缘海，受大洋暖流的影响而无冰层覆盖，此时北冰洋冰盖总面积可达1 140万平方千米，占北冰洋总面积的87%。冰层厚度，岸冰和当年浮冰为0.8～1.8米，是北极海域多年集结的；长年不化的冰块可达2.5～4米，有时可达5米。在北冰洋的暖季，纬度较南的北欧海域及欧亚大陆边缘海，大部分冰雪融化，深蓝色的海水拍打着海岸的冻土层，但在北极海域，依旧覆盖着很厚的冰层，只是它们并不是连片分布的，冰块之间存在着冰沟及冰窟窿，偶尔也露出海洋的真面目——深蓝色的海水。因此，即使在暖季，北冰洋冰层覆盖的面积仍然可达到700万平方千米，占总面积的一半还多。

无论是在冬季还是暖季，北冰洋上覆盖的冰块、浮冰或冰山，都是随海流不断移动的，漂流的速度在北极海域平均为 2.5～3.5 千米/昼夜，在北欧海域、特别是格陵兰海流活动的地带，漂流的速度可加快到 40 千米/昼夜。北极冰块和浮冰漂流的方向与洋流和盛行风密切相关，还在一定程度上受到海底地形的影响。一般说来，罗蒙诺索夫海岭以东的美亚海区，浮冰顺洋流的方向做顺时针方向的环状循环漂流；罗蒙诺索夫海岭以西的欧亚海区，浮冰通常做逆时针方向的环状循环漂流。部分冰块进入东格陵兰海流地带后，被这一海流带进大西洋，据估算，每年被格陵兰海流带走的浮冰和冰山的数量约占北冰洋海冰总量的 30%～40%。

在北极地区，未被冰雪覆盖的陆地，虽然土层或直接裸露地表，但你如果用铁镐去刨，冬天地表土层却坚硬如岩石一般，夏天，虽然你勉强可刨下去几十厘米，但其下立即又是坚如岩石的土层。为什么北极地区的土层会这么坚硬呢？原来，是因为北极地区天气非常寒冷，土层中所含的水分也全部被冻成了坚硬的冰。这种含冰的土层，地理学上称为冻土。在北极地区，这种冻土的深度可达 300～400 米，最深的地方可达 600～800 米，冻土的深度一般与气候的寒冷程度有关。在夏天，冻土表层可融化几十厘米，其下的冻土便终年不化，称为永久冻土。在北半球，永久冻土的范围很大，一直到我国东北的西北部地区都有永久冻土分布。

谈到这里，你一定会感觉到，地球两极地区，气候寒冷，地上是冰，地下是冰，山上是冰，海里也是冰。在海里漂浮的有当年冰，也有隔年冰，在两极大冰盖几千米之下保存着数万年甚至几十万年之前的冰。总之，两极地区简直就是一个冰雪世界，事实的确如此。科学家们在两极探险、考察和研究，大部分时间都要与冰雪打交道，既要与寒冷和冰雪搏斗，又要考察和研究冰雪。

大家别看两极冰雪世界离我们那么遥远，其实，它与我们的生活和环境还有着很密切的联系呢。

首先，两极冰雪世界是我们地球上的巨大的淡水储藏库。地球上虽然江河、湖泊众多，但它们储存的淡水量仅占总量的 15% 左右，其他 85% 基本上以冰雪的形式储藏在两极。地球上严重缺水，缺水严重阻碍工农业的发展，在许多地区，甚至人畜饮用水都有困难，如我国的西北干旱区、北部非洲、中亚、北美西南部、南美的秘鲁和智利等等。不久的将来，随着科学技术水平的提高，开发利用两极淡水将被提到议事日程，如果每年仅利用两极淡水的万分之一甚至十万分之一，就可大大缓解甚至解除地球上的干旱之苦。

其次，两极冰雪量的增减变化，如冰盖的扩大或缩小、浮冰数量的增加或减少、冻土的消融等，一方面是两极气候变化的直接反映，另一方面，它又通过大气环流而影响全球的气候，而且还导致海面升降而影响沿海地区的环境，因此，与我们密切相关。科学家们也十分注意研究两极冰雪量的变化，并以此为依据来检测和预报全球的气候变化。

此外，我们已经知道，两极冰盖是冰雪一年一年冻结起来的，一年冻结一层，因而在冰盖底部，保存着几万甚至几十万年以前的冰层。这些冰层中保存着当时大气的气泡，包含着地球环境变化的大量信息，因而整个冰盖就像一册巨厚的记录本，成为科学家们研究气温、降水、大气成分、大气尘埃、地球上火山活动等环境变化的极其宝贵的资料。

## 知识点

### 赤　道

　　赤道是地球表面的点随地球自转产生的轨迹中周长最长的圆周线，赤道半径 6 378.137 千米；两极半径 6 359.752 千米；平均半径6 371.012 千米；赤道周长 40 075.7 千米。如果把地球看做一个绝对的球体的话，赤道距离南北两极相等，是一个大圆。它把地球分为南北两半球，其以北是北半球，以南是南半球，是划分纬度的基线，赤道的纬度为0°。赤道是地球上重力最小的地方。赤道是南北纬线的起点（即零度纬线），也是地球上最长的纬线。

## 延伸阅读

### 南极冰褥

　　"冰褥"这是对南极区冰层的形象称呼。它来源于寒冷的南极区中除由高峰、悬崖、湖泊、火山及平原等组成的仅占南极大陆2%面积的唯一生存着生物的无长年冰雪覆盖的"南极洲绿洲"外，几乎全被冰雪层所覆盖，像铺上了一床巨厚且巨大的白色褥子。

南极冰褥，它的最大面积可达 2 100 万平方千米，平均厚度约 1 950 米，最厚者可达 4 000 多米，总体积 2 867.2 万立方千米。占世界总冰量的 90% 以上。可见，南极区是地球上冰的聚集地，并且还缓慢地由南向北滑动着，伸进边缘的海洋里。其季节性变化不太明显。

通过南极冰褥深层的钻探资料，分析出它的年龄和古气候特征，认为南极冰褥的年龄至少也有 300 万年，在 300 万年前，这里的气候变冷，大量的降雪逐年累积。压融成冰，增厚成现在的巨厚冰层。如此巨大规模的南极冰褥，本应对世界的气候产生极大影响，由于该区与毗邻的南美洲、大洋洲和非洲大陆之间隔海远离和辐合带的屏障作用，限制了它的袭扰，对其周围的人类活动区域气候影响远不及北极冰盖。

## 南极洲与南冰洋

### 南极洲

与北极遥遥相对的"地球的底部"，便是南极。

大约在公元前 6 世纪，居住在北半球的古希腊人就推测，既然在北半球存在着广大的大陆，那么，根据对称性，为了"保持平衡"，在南半球也一定存在着这样的大陆。公元 2 世纪，著名的地理学家托勒密，绘制了一幅富于想象力的地图，他在人们熟知的大陆的南方，加画了一块跨越地球底部的大陆，并称这个大陆为"未发现地"。1538 年，地图学家麦卡托在他绘制的世界地图上，对"未发现地"的范围进行了修改并重新命名为"南方大陆"。可是，直到 18 世纪 70 年代以前，虽然人们发现了太平洋上的许多岛屿与新西兰，却没有任何人发现过那遥远的"南方大陆"，不过，人们仍然心存美好的愿望，梦想"南方大陆"一定是一个"幸福之岛"，那里有取之不尽的财宝，是个寒来暑往、鸟语花香、土地肥沃、人口众多的极乐世界。从 18 世纪中叶开始，世界上就掀起了一个寻找"南方乐土"的探险风潮。直到距今 170 多年前，人们才终于发现了这块南方大陆，但令探险家们失望的是，想像中的幸福之岛却是一个非常寒冷、冰封雪冻、狂风肆掠、四季无花的不适合人类居住的不毛之地。

这块冰封雪冻的神秘而孤独的白色世界，就是地球上最后被发现的第七洲——南极洲，在它被人类发现之前，在地球上已隐匿了大约 2 亿年。

　　有人说，南极大陆像一个漂游的蝌蚪，也有人说它像一位安卧在蓝色大洋上的白衣女神，翻开地图，细细端详，它更像一只开屏的美丽的孔雀。南极半岛部分好像俯地啄物的雀首，而设德兰群岛正如撒在地上被啄的食物，但罗斯海和威德尔海凹陷部分另一侧的大部分陆地，就像孔雀开屏的徐徐张开的雀尾锦翎。这正是：隐藏深闺难寻觅，孔雀开屏第七洲。

　　南极洲是指围绕南极的大陆部分及其周围的岛屿和陆缘冰架，总面积约1 400万平方千米，其中大陆面积约1 239万平方千米，岛屿面积约7.6万平方千米，大陆边缘冰架面积约158万平方千米。因为南极洲被发现得最晚，所以，有地球"第六大陆"之称，在地球的七大洲中，也习惯上排在第七位，但若按面积大小排列，它在地球上六块大陆和七大洲中，均应排行第五。六块大陆的排列顺序为：欧亚大陆、非洲大陆、北美大陆、南美大陆、南极大陆和澳大利亚大陆；七大洲的排列顺序为：亚洲、（4 400万平方千米）、非洲（3 020万平方千米）、北美洲（2 147万平方千米）、南美洲（2 070万平方千米）、南极洲（1 400万平方千米）、欧洲（1 016万平方千米）、大洋洲（897万平方千米）。南极洲的面积相当于美国和墨西哥的面积之和或相当于37个日本的面积。

　　南极大陆的平均高程约为2 350米，是世界上高程最大的一个洲。高程仅次于南极而屈居第二位的亚洲大陆，平均高度也只有900米，可见南极大陆气势之雄伟。但是，南极大陆的这个高度，是由万年冰雪堆积起来的，南极大陆有95%以上的地域终年被冰层覆盖，面积达1 200万平方千米，平均厚度约2 450米，因此，若除去冰盖的高度，则南极岩床大部分要比现代海平面还低。当然，若除去冰盖，根据地壳均衡原理，南极陆地会上升600～700米，但即使是这样，与现在南极大陆的雄伟气势相比，也差得多了。

　　南极洲被巨大的冰盖覆盖着，冰盖上相对平坦，其自然面貌与北极相比，相对简单一些，但如果把冰盖全部揭掉，南极大陆的岩石地面也是起伏不平的。南极横断山脉，大致顺着西经30°和东经160°线分布，全长3 000多千米，其中有许多高3 000米至4 500米的山峰突出在茫茫冰原之上，气势十分宏伟壮观，它是南极大陆最长、最大的山脉，构成东南极洲和西南极洲的自然边界。

　　东南极洲的岩石地面，是一个相对完整的比较平坦的平原，西南极洲则是由大大小小的岛屿组成的弧形岛群。西南极洲是多山地区，在南极半岛和南太平洋沿岸地带，几乎都被山脉占据。埃尔斯沃斯山脉的文森山峰，海拔

5 140 米，是南极大陆最高的山峰。

南极大陆被南太平洋、南印度洋和南大西洋团团包围，形成一个围绕地球的巨大的水圈，这就是浩瀚的南大洋或称南冰洋，南大洋将南极洲与世界其他大陆隔离开来，加之南大洋上波涛汹涌、海冰重重，成为人们难以跨越的天然障碍，因而南极大陆成为与世隔离的孤立大陆，它距澳大利亚 4 000 千米，离非洲 3 700 千米，离南极半岛最近的南美洲，也与其隔着 970 千米宽的德雷克海峡。

翻开地图，我们会发现，南极地区的地名、海名、岛名等等，都是以人名来命名的，如别林斯高晋海、阿蒙森海、威德尔海、罗斯海、罗斯岛、斯科特岛、爱德华七世半岛、格斯特岛、克鲁普岛、达尔特岛、瑟斯特岛、彼得一世岛、亚历山大一世岛、赫斯特岛、南乔治亚岛、克洛斯岛、德里加尔斯基岛、古德纳夫岛、巴勒尼群岛、毛德皇后地、恩德比地、威尔克斯地、维罗利亚地、马里伯德地等，大部分来自当年探险英雄的名字，也有一些是探险者国王的名字。只可惜，这其中没有一个中国人的名字。中国曾经是一个航海大国，但到后来清朝统治时期，因为闭关锁国，从而使航海与探险大大地落后了。

南极洲这块白色神秘的大陆，因为浩瀚的南大洋将其与世隔绝，加上万古不化的巨大冰盖使人们对它既难以接近，又不可捉摸。到目前为止，人们从事探险考察的范围还主要集中在沿海地带，绝大部分地区还是未知数，尤其是靠近极点的高纬度地区，千百米厚的"水晶被"下仍藏匿着无数的难解之谜。

## 南冰洋

南极区除其西北区域和东北部南极半岛局部外，周缘地区分布着太平洋、大西洋、印度洋及其附属海域，总面积约 680 万平方千米，人们把这一片南极海域叫做南冰洋。最北部的海水辐合带是南极区的边界标志，海域内散布着岛屿。

南冰洋未被任何陆地中断，阿德雷德海峡是南冰洋中最狭窄的海域。海底地貌中，有宽度通常小于 260 千米的大陆架。最宽的大陆架位于威德尔海和罗斯海附近，宽度达 2 580 多千米；最北部发育着深海盆。平均深度为 4 500 米。海盆的四周是隆起，盆内有深海山脉和狭窄的海沟。目前，在南桑威奇群岛东侧的大西洋海域内，发现了南桑威奇海沟的延伸体，深度大于

6 000米、宽度也在 60 千米左右，海沟的两壁比较陡峭；有高出海盆底的表面平坦的海底高原，其上面的水深一般不超过 2 000 米，常常覆盖着很厚的沉积物。面积最大的是位于太平洋中新西兰东南部斯科特岛附近的坎贝尔高原（又称新西兰高原）延伸部分。

南冰洋

由此可见，南冰洋海底的地貌单元比较齐全，不过大部分是相邻海洋中的延伸体，很少有自己的独立体系。另外，南冰洋的复杂组合，也造成了海水及其中海流（或洋流）系统的复杂性。这里的中层水，其范围在海深 500～1 200米，具有低温、低盐度以至较低密度的特征，海水温度为 4.8℃、平均盐度值为 33.8‰、海水密度则只有 1.0272。由于辐合带的极热沉现象所产生的恒温器作用，使这里的海水长期处于低温状态，海洋表层的南极洲西风飘流环流，在从西向东环绕南极洲流动中，其宽度和流向也变化不定，没有规则。

南冰洋的浅海域发育着岛屿，它们主要分布在西部和南极半岛沿岸区，较大的岛屿有巴勒尼群岛、斯特季岛、格斯特岛、谢珀德岛、罗森岛、琴斯顿岛、彼得一世岛、夏科岛、阿得雷德岛、亚历山大岛、赫斯特岛等，它们长期被冰所覆盖，又被称为固定式的冰岛。

另外，在通常地图上的正南方向上，有一个南极地区的最大半岛，即南极半岛。它南北长达 1 300 千米，主要由山岭构成。半岛的最高点位于杰克逊山顶，海拔高度为 4 191 米。该半岛北隔布兰斯菲尔德海峡与南设德兰群岛相望，它们是一组隆起的群体。1820 年 1 月 30 日，海豹猎人威廉史密斯及英国海军军官 E·布兰斯费尔德航海首次穿过布兰斯菲尔德海峡（以他的姓氏命名）时，发现了此岛，这是人类看到南极洲的最早一次。

**→ 知识点**

### 阿蒙森海

阿蒙森海是南极洲的边缘海，南太平洋的一部分。东起瑟斯顿岛，西迄达特角，在南纬 71°50′～73°10′、西经 100°50′～123° 之间。海域面积 9.8 万平方千米，终年结冰。水深 585 米。瑟斯顿岛近岸水深约 300～1 500 米，瑟斯顿岛西北角向西北延伸 720 千米范围有一条浅水域，水深 400～1 395 米，达特角北方 600 千米处水深 3 148 米，离岸 1 050 千米一带水深 2 600～3 700 米之间。沿岸有陆缘冰，盐度约 33.5‰。

### 延伸阅读

### 南极沿海多大风

南极大陆又被南极探险者称做"风暴之家"。通过多年的观测，人们已经知道，南极沿海地带是世界上风力最大的地区。特别是从恩德比地沿海到阿德利海岸，大约有三四千千米的沿海一带风力最强，被称为风暴海岸。阿德利海岸一年中，有 310 天刮大风，所以被称为世界的风极。

为什么南极沿海多大风呢？这和这里中间高、四周低的地形有关。南极内陆的空气遇冷收缩，密度大，重量重。这种又冷又重的气流，从南极大陆中部高原，沿着斜坡向四周流动。到了沿海地带，地势骤然下降，这些寒冷的重气流就像决堤的洪水，直灌下来，一泻千里，越流越快，这样就形成极大的风暴。

还要说明的是，如果地球不转动，从南极流出的气流应该直向正北吹去。可是地球以极大速度转动着，因此，向北流动的气流总是向左偏转，于是在沿海就形成了偏东的大风。

## 北冰洋与北极群岛

### 北冰洋

"北冰洋"一词来源于古希腊语，意思是正对着大熊星座的海洋。荷兰地理学家瓦烈尼乌斯称它为"极北的海洋"、"寒冷的海洋"。1845 年在伦敦召开的世界地理学会议上，被正式命名为"北冰洋"，沿用至今。

北冰洋被欧亚和美洲大陆所环抱，分成北极海域和北欧海域两大部分，是地球上四大洋中最小的一个，平均深度 1 300 米左右，面积为 1 300 多万平方千米，海水总体积约 1 698 万立方千米。洋底发育着举世闻名的宽阔大陆架，总面积在 500 多万平方千米以上，居四大洋的首位。特别在欧亚北部北冰洋大陆架，宽度达 500～1 000 千米。大陆架上发育的岛屿，数目众多，其数量和面积均仅次于太平洋，居第二位。据测定，北冰洋底的大陆架都是周围陆地的延伸，在第四纪冰川后期，由于冰层融化造成海面上升，发生海侵形成。

北冰洋

北冰洋底海盆发育。其面积占北冰洋总面积的 60% 左右。其中，较深的中极海盆，位于北冰洋的中央部位，最大深度为 5 180 米，一般在 3 000～

4 000米。北极点就在此海盆中的海深4 087米处（北纬77°19′、西经101°49′）。另外，还有较浅的挪威海盆、最深达4 030米的马卡罗夫海盆，以及费拉马（又称阿蒙森或欧亚）海盆等。北冰洋中的第一深海沟——科奇克海沟（5 449米）就分布在其中，还有深度为5 335米的费拉马海沟。

北冰洋底的主山脉是1948年由前苏联北极考察队发现、用俄国著名科学家的姓氏命名的"罗蒙诺索夫海岭"。它从加拿大的北极群岛中埃尔斯米尔岛东北部起，在北冰洋中间沿东经140度线附近穿过北极点，向南延伸到俄罗斯西伯利亚北部的新西伯利亚群岛，长达1 800千米，高出海底的平均高度约3 000米，宽度在60～200千米不等。上面覆盖有淤泥或泥砂沉积物，发育着火山，有的地方的火山正处在活动时期。据考察，罗蒙诺索夫海岭上的火山活动经历了整个中生代和新生代，大约有2.3亿年，直到现在火山喷发活动仍在海底发生，反映出此海岭区域地质构造的不稳定性。这个海岭上分布有沉积岩和变质岩层，断裂和褶皱构造发育，且断裂是沿经度线方向伸展的。

在罗蒙语索夫海岭的东西两侧，矗立着较矮的阿利法海山系和南珊海底山系，它们也横跨北冰洋盆，向大陆延伸，并且南珊山系与北大西洋海岭接壤，从形态和成因上分析，它可能是大西洋海岭在北冰洋中的延续。此外，在北冰洋底还分布有高原、丘陵、海槽、海谷和海沟等各种海底地貌形态，起伏不平。

在北极区的周缘发育着一系列大小不同、长短不一的河流，它们从四面八方汇集于北冰洋中。从高空鸟瞰，这些蓝色的河流似蛟龙飞舞，在戏弄着一个绣满白花的大"绣球"——圆形的冰封北冰洋。蛟龙张着纯洁的白口，吐出长长的蓝舌头，刺入绣球的大洋中。这些河流输送着大量的淡水，流入北冰洋的边缘海中，影响着这里的浅水层。但是，它们对整个北冰洋的影响却是微不足道的，单就太平洋而言，它通过白令海峡流进北冰洋的水，是最大的西伯利亚河流总量的十倍多，只是北大西洋流进北冰洋（约38万立方千米）的十五分之一。尤其是北大西洋，以连续不断地墨西哥暖流流入。在斯茨卑尔根西岸与北冰洋水相遇，虽然水温高出4℃，却因盐度较高而沉入北冰洋表层水的下面，且越向北去下潜越深，到达北极海盆时，下潜到北冰洋面以下约600米深处，被夹在冷而呆滞的深层水和冰冷的浅层水之间，形成北冰洋内的一个高温高盐度跃层，对北冰洋的水文造成极大的影响。

北冰洋中大量海水的调节作用和北极区地势有利于南方暖气流和暖海流

的侵入干扰及影响，使得北极区的气候不及南极寒冷。北冰洋的平均气温只有零下20℃，最低气温也只有零下52℃，南部岛屿的气温有时可达十几摄氏度，这在南极区难以寻求。

跟随而来的是，北极区的风力较小，平均风速为5米每秒，最大风速也只有18余米每秒，并且风速的季节性变化微小。即使在暴风雪的天气里，风也很少将雪吹积到齐人眼高，据统计，这里的暴风雪平均5天才发生一次。

然而，以北冰洋为主导的北极气候，其降水量较大，形成了特殊的北极雨雪气候。这是由于北冰洋面上的冰盖常被撞碎，裸露出来的海水被蒸发到天空中形成雨雪之云，经常降落下来而造成的。

1968年2月至1969年6月，英国的科学考察队在横穿北极时，曾对北极地区沿途气候状况进行过系统的观测，测得北极的年降水量为175毫米。其中的70多毫米是以雨的形式在6~8月份降下，余者是以雪和冰雹的形式在其他月份里飘落，形成了夏季降雨量较大、冬季降水量也不少的规律。尤其到深冬，在两天之中就有一天以上的时间，以小圆柱或子弹状的冰雪粒下个不停。这些冰雪进入海洋中，逐渐集结成薄冰层，成为冰盖的一组分。

## 北极群岛

北极区海域内的岛屿极其发达，虽然在四大洋中居第二位，若按单位面积计算，却遥遥领先。其中，有地球上的第一大岛——格陵兰岛；属于世界上的较大岛屿有巴芬岛、埃尔斯米尔岛、维多利亚岛、威尔士太子岛、德文岛、班克斯岛、帕里群岛、斯沃德鲁普群岛、斯瓦巴尔德群岛、符兰格尔岛、新西伯利亚岛、北地群岛、新地岛、法兰士琴夫地群岛等。它们环绕北极区边缘分布，形成了北冰洋的镶边"珍珠链"，极其壮观。

北极群岛集中分布在加拿大的北岸。这里的群岛从东向西延伸了2 400千米；而由大陆的边缘向北，到埃尔斯米尔岛最北端的海角也伸展了1 900千米，其总面积达130万平方千米。群岛的南部是几千年来因纽特人生活的地方，从16世纪起又成为大批欧洲探险队和科学考察工作者的临时落脚地。它们上面有平原、低地、高原和山脉。山脉和高原大多数是由岩浆活动形成的花岗岩和变质作用形成的片麻岩所组成的，也有褶皱的沉积岩；低地和平原的基岩多是由石灰岩、砂岩和页岩等化学沉积及碎屑沉积岩类构成的。巴芬岛、德文岛和埃尔斯米尔岛的东海岸均是山岭和高地，形成隆起的东部边缘，最高点是埃尔斯米尔岛上的巴比尤峰，其海拔高度为2 604米。

**格陵兰岛风光**

北极群岛按其地质构造类型可分为两大部分，即加拿大地盾和大片沉积岩区的南部中央稳定区以及北部起伏褶皱带的造山活动区，分布着花岗岩、片麻岩、片岩以及以化学沉积岩为主的各种沉积岩类。

这里的气候较寒冷，只在 5 月开始融雪，7 月解冻，8～9 月份南部海峡可以通航，其余的时间里全部冰封。虽然雨量较少，全年降水量在 75～175 毫米，但却生长着 523 种开花植物，以低等植物（禾木、苔藓类、灯心草等）为主，高等单子叶植物稀少，只在南部岛屿上生长有低矮的桦树和柳树。另外，群岛上的北极珍贵野兽种类较多，如北极狐、貂、熊、驯鹿和麝牛等。还有稀少的雪鸟和雪枭等鸟类，一到冬天便全部离去，但数量不少的双翅目昆虫令人生畏。

**知识点**

### 罗蒙诺索夫

罗蒙诺索夫（1711～1765），俄国百科全书式的科学家、语言学家、哲学家和诗人，被誉为俄国科学史上的彼得大帝。出生于阿尔汉格尔斯克一个渔民家庭，冒充贵族的儿子考入斯拉夫－希腊－拉丁学院。1736 年因学习成绩优异被选送到德国留学 5 年。1741 年回圣彼得堡科

学院，任物理学副教授。1745 年 8 月成为圣彼得堡科学院院士和化学教授。1748 年秋他按照自己的计划创建了俄国第一个化学实验室。1755 年创办了俄国第一所大学——莫斯科大学。1760 年他当选为瑞典科学院院士，1764 年当选为意大利波伦亚科学院院士。1765 年 4 月 15 日卒于圣彼得堡。

### 延伸阅读

#### 北极冰帽

　　北极地区的气温虽然不像南极区那样严寒，但仍是寒冷的气候。北冰洋在大部分的时间里被冰封冻，使海面盖上了一层冰的盖子，人们形象地称其为"北极冰盖"。它与周缘岛屿上的冰层共同构成了北极冰帽。北极冰帽的明显季节性变化，与南极冰褥形成了鲜明的对比。

　　北极冰盖的厚度较薄，平均约 20 米，总体积仅 210 万立方千米，占地球上总冰量的 7% 左右，然而它的面积却占 2/3，季节性变化较小。但是，其历史时期变化量较大。在 1890～1940 年的 50 年中，平均厚度减少了约 1/3；1924～1944 年的 20 年间，其面积减少了近 100 多万平方千米。减少的原因，是整个地球逐渐变暖所致。

　　作为北极冰帽中的格陵兰冰褥，在冬天里，其体积约占北极冰总体积的 80%～90%，成为北极冰的主宰地。但到夏天，却融化得所剩无几。

　　北极冰对微弱的季节性气候变化的反应很敏感，它不仅是地球表面最易发生变化的物理现象，而且是整个气候变化过程中的触发器。因此，这较薄而易变的北极冰，与人类活动的关系密切。

## 两极的极端气候

### 风暴多且强烈

　　空气的流动即成为风，风对我们每个人来说是太普通不过了。春秋的风，和缓而温馨；冬天呼啸的北风，寒冷刺骨；夏末秋初的热带风暴、台风给沿海地区带来狂风暴雨，造成灾难性的巨大破坏，还有以每小时一百多千米的速度迅速旋转移动、让人生畏的龙卷风等等。但是，真正"暴风的故乡"还是在地球的两极，特别是南极地区。

南极洲是世界上风暴最多、风力最大的地方，有"世界风极"之称。

**南极洲风景**

在我国沿海地区，可感受到台风的风力为12级，即风速为32～37.5米/秒，或115～135千米/小时，但在南极地区，记录到的最大风速比台风的风速还要大得多。例如，1951年，法国的南极科学考察站——迪蒙·迪尔维尔记录到的风速达到92.5米/秒，接近台风风速的3倍！这是到目前为止世界上记录到的最大风速。南极洲不仅风大，而且风多，如我国科学家1982年在澳大利亚莫森站（南纬67°36′、东经62°52′）考察时，记录一年365天中，风速大于12.5米/秒的大风天数有305天。莫森站的最大风速为65米/秒，年平均风速为8米/秒；我国南极长城站（南纬62°13′、西经58°58′）最大风速为35米/秒，平均风速6米/秒；澳大利亚戴维斯站（南纬68°35′、东经78°）最大风速为45米/秒，平均风速5米/秒；美国的麦克默多站（南纬77°51′、东经166°40′）最大风速为36米/秒，平均风速4.9米/秒；我国南极中山站（南纬69°22′、东经76°23′），测得最大风速为43米/秒，平均风速为7.4米/秒；而位于南极点上的美国的阿蒙森——斯科特站，最大风速为19米/秒，平均风速为4.9米/秒。

　　南极洲虽然风大而且多，但风的分布却是很不均匀的。南极的风暴都发生在南极大陆的沿海地带，相反，在南极大陆的内部却比较平静。

　　那么，为什么在南极大陆沿海多风暴呢？这是由空气的性质和南极大陆的地形所决定的。由于南极大陆温度很低，南极高原上空的空气冷缩后密度变大，重量增大，然后下沉，当冷空气在高原内部集聚到一定程度后，便开始顺着冰面向四周流动。由于高原内部冰面比较平缓，坡度很小，所以冷空气的流动速度不大。但到了离海岸100～200千米的陡坡地带，冰面高度从2 000多米陡降到100～200米，冷气团就毫无阻挡地沿着光滑的冰面降落下来。越流越快，于是形成了南极大陆沿海特有的飓风。

　　此外，有些湿润的风从南大洋上吹来，横扫南极西部地势较低的地区，同样会形成巨大的暴风雪。

　　北极地区的风暴同样也是十分猛烈的，北冰洋上空平均风速为4～6米/秒，在冬季，北极风暴（风速大于15米/秒）时有发生，常常掀开用厚雪铺成的飞机跑道，吹开冻得很硬的浮冰，形成巨大的裂口，有时甚至吹翻飞机。在离地面500～800米的高空，狂风更加猛烈，风速可达到80～100米/秒。因此，与南极风暴比起来，北极风暴也毫不逊色。

　　北冰洋沿岸地区和北欧海域，由于受大西洋和太平洋气旋的影响，风向的季节性变化十分明显，而且风速大，风暴多，在冬季更是如此。

　　两极地区的巨大风暴，一刮起来就像大发雷霆的凶神恶煞，是十分令人生畏的。狂风所到之处，能刮断考察基地的绳缆，吹走帐篷，摧毁沿途的障碍物，猛烈地磨削裸露在冰层之上的山峰，使它参差不齐，甚至切断多年结成的冰柱；它能把一二百千克重的汽油桶和沉重的木箱抛到数千米之外，把大砾石和冰块吹得满地飞滚，建筑物的金属外壳被打得"砰"、"砰"乱响，高架房屋被吹得左右摇晃，如同山崩地裂之势。

　　极地气候很像一个周岁的孩童或精神病患者，往往是喜怒无常，瞬息万变。刚刚还是阳光明媚、晴空万里，转瞬之间，乌云密布、狂风骤起，狂风刮起地面的冰雪，甚至连同冰碴和石块一起卷起，开始时蜿蜒蠕动，渐而贴地翻滚，接着跳跃前进，最后腾空飞扬，发展成暴风雪，短时间之内即成席卷千钧之势。暴风雪往往不刮则已，一旦开始便刮得天昏地暗，即使在大白天，也能使人伸手不见五指，有时转眼便止，顿时一片平静；有时没完没了，一刮就是一个星期。这真是"两极风云多变幻，狂风怒号转瞬急"。

### 降水少如荒漠

两极气候的又一典型特征是降水稀少。

我们对沙漠、荒漠地区的干旱气候是比较熟悉的，因为我们常常从电影、电视中看到、了解到沙漠地区的自然景色，那里沙海茫茫、草木稀少，人、畜难以生存，这些都是因为降水稀少的缘故。一般地说，荒漠地区的年降水量都在250毫米以下，沙漠中心地区降水量在100毫米、甚至50毫米以下，还有少数地区终年无雨。水是生命之源，没有水，一切生物都无法生存，所以，沙漠地区是非常荒凉的。

那么，两极地区降水少到什么程度呢？它们可以与荒漠地区相提并论。

首先，南极大陆是世界上最干旱的大陆，整个南极洲绝大部分地区的年平均降水量不足250毫米，南极大陆内部大片地区降水量不足50毫米，有的地方年降水量甚至只有几毫米，看到这些数字，我们就自然会联想到沙漠，南极大陆内部的干旱和撒哈拉沙漠及我国新疆南部的塔克拉玛干大沙漠相差无几。

沙漠地区的景观是，地表被厚厚的风沙层覆盖，沙海茫茫、波浪起伏，大风袭来，风尘滚滚，遮天蔽日，使人望而生畏。在南极大陆地表被厚厚的冰雪层覆盖，茫茫原野，一片银白，狂风起处，飞雪走冰、气势凶猛，让人避之不及。可见，南极大陆的自然景观也与沙漠地区很相似，难怪有的科学家将南极大陆称为白色荒漠。

由于南极地区温度很低，特别是南极大陆内部，最高气温也在零下十几度，因此，降水都是以降雪的形式出现的，只有在南极半岛的最北端，纬度较低，在夏天才会出现较多的阴雨天气。

在南极大陆的沿海地带，气候不像内陆那样干旱，降水量一般可达到200～400毫米，与我国西北的陕西、甘肃、宁夏等半干旱区差不多。

其次，在北极地区，虽然存在有一片广阔的海洋——北冰洋，但年降水量也不高，气候仍然属于干旱和半干旱类型。在北冰洋的北极海域，年降水量仅

南极洲的干旱谷

75～150 毫米，在北欧海域，也仅为 250～300 毫米，在北冰洋众多的岛屿上，降水量也大多为 100～200 毫米，多者可达 400～500 毫米。

那么，在两极地区，气候为什么也会那么干旱呢？

其主要原因是由于两极地区，特别是两极中心地区，气候寒冷，大部分地区终年被冰雪覆盖，地面气温很低。我们知道，空气冷却，密度就会加大，高空气流就会下沉，在两极地区正是如此，地面（冰面）好像一种冷却剂，空气不断冷却下沉，在两极冷空气积累到一定程度，从近地面吹向低纬度地区，形成一股股寒流，而在高空，低纬的空气又不断向高纬地区流动，补充两极上空的空气，这样便形成一种循环，从而长期保持两极地区的冷高压，在冷高压的控制下，便很难形成降水，这与副热带高压控制的地区干旱少雨的原理是相同的。

另外，南纬 40°～60° 之间的盛行西风带，也是造成南极地区干旱的重要原因，因为这一盛行西风带，好像一堵很厚的"风墙"，阻碍着高纬度和低纬度之间空气的交换和流动，这样，一方面使南极地区冷空气聚集，另一方面，阻挡了热带地区暖湿气流的进入，暖湿气流被拒之于极地之外，从而使南极大陆气候干旱，降水更加稀少。

### 知识点

#### 副热带高压

副热带高压简称副高，是位于副热带地区的暖性高压系统。它对中、高纬度地区和低纬度地区之间的水汽、热量、能量的输送和平衡起着重要的作用，是大气环流的一个重要系统。副热带高压的东部是强烈的下沉运动区，下沉气流因绝热压缩而变暖，所控制地区会出现持续性的晴热天气。而副热带高压的西部是低层暖湿空气辐合上升运动区，容易出现雷阵雨天气。随着季节的更迭，副热带高压带的强度、位置也会发生明显的季节变化。从 1 月到 7 月，副热带高压主体呈现出向北、向西移动和强度增强的趋势；从 7 月到 1 月，副热带高压主体则有向南、向东移动和强度减弱的动向。这种季节性的变化，还具有明显的缓慢式变化和跳跃式变化的不同阶段。我国位于副热带地区的暖性高压。

## 延伸阅读

### 冰原气候

冰原气候分布在南极大陆和格陵兰高原，是极地气候带的气候型之一。终年冰雪覆盖，所以也叫冰漠气候、冰原气候或永冻气候。最热月气温在0℃以下，气流下沉，降水量稀少，年降水量约100毫米左右，都是以雪的形式降落，风速常常在25米/秒以上，最大风速超过100米/秒，常把吹雪称为雪暴。

这里是冰洋气团和南极气团的发源地，整个冬季处于极夜状态，下半年虽是极昼，但阳光斜射，所得热量微弱，因而气候全年严寒，各月温度都在0℃以下；南极大陆的年平均气温为 –25℃，是世界上最寒冷的大陆。1967年挪威人曾测得 –94.5℃的绝对最低气温，可堪称为世界"寒极"。地面多被巨厚冰雪覆盖，又多凛冽风暴。冰原气候区的土壤为冰沼土和永冻土，植被稀少，代表动物是北极熊和企鹅，有极光景观。

# 两极生物与北极居民

两极地区气候酷冷、狂风肆虐、冰封雪冻、光照微弱，是地球上环境最严酷的地区。然而，即使是在这种严酷的环境之下，也有无数生命以顽强不屈的精神与险恶的大自然搏斗着，不屈不挠地生活着。

南极大陆生物稀少，然而南冰洋中却栖息着数千种海洋生物，从单细胞的浮游植物到几米长的大型海藻；从小型的浮游动物到大型的哺乳动物海豹、海狮，乃至百吨重的巨鲸；从会飞的海鸟到不会飞的企鹅，种类繁多，千姿百态。其中南极磷虾数量惊人，其蕴藏量约4～6亿吨。

北极地区的陆地动物比南极洲多得多，北极有大量的昆虫、陆地鸟类和哺乳动物，如北极熊、北极狐、北极旅鼠、爱斯基摩犬、野兔、狼、驯鹿和麝牛等。淡水中有鱼类和两栖类动物。

因纽特人是北极土著居民，其居住地域从亚洲东海岸一直向东延伸到拉布拉多半岛和格陵兰岛，主要集中在北美大陆。通常西方人把因纽特人分为东部因纽特人和西部因纽特人。

## 南冰洋中的生物

南极大陆生物稀少，这里植物难于生长，偶能见到一些苔藓、地衣等植物，然而，围绕南极大陆的海洋——南冰洋，却是一个生机盎然的生物世界。

特别是南极辐合带附近的水域，生物更加稠密。

南冰洋中栖息着数千种海洋生物，从单细胞的浮游植物到几米长的大型海藻；从小型的浮游动物到大型的哺乳动物海豹、海狮，乃至百吨重的巨鲸；从会飞的海鸟到不会飞的企鹅，种类繁多，千姿百态。就生物的分布而论，从岸边的礁石、沙滩到潮间带；从浅海到数千米的海底深渊；从海水到浮冰、冰山，都有它们的踪迹。可以说分布广泛，个体稠密，种群荟萃，一派生机。

生机盎然的南冰洋

与世界其他各大洋相比，南冰洋的生物种类没有那么多，但数量却大得多，如南极磷虾，其蕴藏量约 4~6 亿吨；第二次世界大战前南冰洋的捕鲸量占世界总捕鲸量的 70%；企鹅的数量约有一亿多只；海豹的数量也占世界首位；浮游植物的密度也相当高，有时每立方米海水中有上亿个细胞。

种类少，数量多，这是南冰洋生物的特点之一，正是因为数量多，掩盖了种类少的不足，使南冰洋仍然生机盎然。

南冰洋生物的另一个特点是生长慢、代谢低、耐寒冷、耐黑暗、个体大、寿命长。例如南极的某些鱼类，每年生长几厘米；南极鳕鱼能忍耐 $-1.89℃$ 的低温；罗斯冰架发现了耐黑暗而腹中空空的浮游生物；帝企鹅能忍耐 $-60℃～-70℃$ 的低温，平均体重为 43 千克；蓝鲸的体重高达 150 吨；象海豹的体重达 6 吨；最大的乌贼重达 143 千克。同位素测得某种南极鱼的年龄为 1 600 年……这些都是上述特点的最好例证。

南冰洋中稠密的海洋生物，丰富的生物资源，早已引起世界各国的关注，

开发利用南极的海洋生物资源，将是人们考察研究南极首先得到的经济效益之一。

南冰洋的生物之间构成了一个食物链。

所谓食物链，是指生物之间的弱肉强食、互相依存的食物关系，俗话说"大鱼吃小鱼，小鱼吃虾米，虾米啃泥底"，就生动而形象地比喻了这种相依为命的食物链关系。南冰洋食物链的最初一环是浮游植物，主要是硅藻，这和世界其他海洋的情形一样。浮游植物能进行光合作用，在阳光下把二氧化碳和水变成有机物，即把太阳能转变成化学能贮存起来。浮游植物是初级生产者，以此供养其他消费者。食物链的另一个环节是浮游动物，在南冰洋中主要是磷虾，它们以浮游植物为饵料。反过来，浮游动物又是其他更高一级营养级的生物，如海豹、企鹅和鲸的食物。

食物链中的最后一环是人类对海洋生物资源的开发和利用，多年来，人们已对南冰洋的磷虾、鱼类、海豹和鲸等进行过不同程度的开发。

南冰洋的食物链是相当脆弱的，这是因为南极大磷虾在食物链中是关键的一环。在南冰洋这个海洋牧场上，有繁茂的浮游植物，90%以上为硅藻，它们是数量惊人的南极大磷虾的饵料，反过来，磷虾又维持着种类不多，但数量巨大的高等动物的生命，如海豹、企鹅和鲸等。一旦磷虾这一环节被打断，南冰洋的整个食物链就被破坏了。

如果把南冰洋的食物链进行简化，就更容易阐明这一问题。食物链中每一环要维持更高一级生物量的数量关系，也是各环节之间的互相搭配与转化的关系。把浮游植物作为100个单位，那么它只能维持南极磷虾10个单位，而这10个单位的磷虾又只能维持1个单位的须鲸——南极磷虾的主要消费者的生存。须鲸和鸟类等对南极磷虾的消耗量大得惊人，须鲸每年要吃掉约4 500万吨磷虾，鸟类要吃掉近4 000万吨磷虾，从一条蓝鲸的胃中一次就掏出约1吨磷虾。再加上人类对南极磷虾的捕捞，也增加了对磷虾的压力。因此，为了使南冰洋的食物链能够正常运转，为了保持南冰洋的生态平衡，对食物链中的每一个环节及生物间的内在关系，应进行综合性研究，并采取相应的保护措施，既使南冰洋的生物资源能长盛不衰地为人类造福，又不致破坏生态平衡。

南冰洋生物稠密而丰富的原因，主要是由于来自北部温暖洋区的水体含有丰富的氮、磷等营养盐，形成上升流涌到表层，促进了浮游植物的生长。在上升流区和南极大陆近岸水中，浮游植物异常丰富，人们可以看到它们把海水或浮冰"染"成深绿或棕色。丰富的浮游植物为浮游动物提供了充沛的饵料，浮游动物又供养了其他高等动物。

南冰洋南部的近岸区，常有海冰覆盖，海冰呈季节性变化，冬天面积大约 2 000 万平方千米，夏季面积缩小，约为 300~400 万平方千米。海冰慢慢消融时，会形

须　鲸

成大小不同、形状各异的浮冰群，有的像荷花叶，称为荷叶冰。浮冰分布的地区称为浮冰区，浮冰区位于固定海冰区的前沿，亦称为冰缘。令人感兴趣的是浮冰变化莫测，时而是宽阔的海面，时而又是堆积如山的浮冰群，一天之内甚至几小时之内，就有数种变化。

浮冰区及其附近栖息着独特的动、植物区系，包括藻类、浮游动物、鱼类、哺乳动物和鸟类。冰缘的进退对生物产生重要影响，随着冰缘的扩展，生物本身也要迅速地加强其季节性的变动，事实上，冰缘的后退是某些生物生活史中的关键环节。当海冰形成冰隙和冰间水道时，海水即受到阳光的照射，这时浮游植物就从休眠中苏醒过来，于是浮游动物便有了食物，顿时活跃在这里。须鲸通常随着冰缘的退却而前进，大量的鸟类经常聚集在冰缘附近，有时长达几个星期，这是因为它们从那里获得了丰富的饵料，因此浮冰区形成了另一种类型的食物链。

浮冰区生物之所以丰富，是因为海水与海冰的界面上形成了一种特殊环境，光、温、营养等与一般海水不同，这种环境适合于浮游植物，特别是硅藻的生长，有的硅藻甚至可以生活在冰中或冰的表面上。这些浮游植物在食物链中起着重要作用，它是更高一级营养级生物的主要饵料。海冰破碎时，冰缘的海水有时会产生"水华"，即赤潮。

此外，浮冰区有机物质的转移，食物链的动力学和动物生活史的改变等，都是南冰洋研究中的重要课题。

**知识点**

## 南极辐合带

南极辐合带位于南纬50°~60°之间，向北流动的寒冷南极水下沉至较温暖的亚南极水层之下，而形成环绕南极的表层海水沉降带，并且有明显的海洋锋特征。一般作为划分南大洋中的南极海区和亚南极海区水团的边界。

在南极辐合带中，来自南极大陆的几乎不含盐的冷水向来自温暖地区含盐较高的温水之下流动。这样，南极辐合带不仅是一条海洋地理界线，同时也是一条海洋生物学界线。在辐合带以南，所有的生物都生活在一种非常特殊的环境中，形成独特的海洋生态系统。因此，南极辐合带是一条环绕南极大陆的海流、水温、盐度及生物的跃变带。

**延伸阅读**

## 南极绕极流

南极绕极流也称"南极环极流"，是极地自西向东环绕纬圈横贯太平洋、大西洋和印度洋的全球性环流。在南大洋，除南极沿岸一小股流速很弱的东风漂流外，其主流就是自西向东运动的南极绕极流。南极绕极流在南纬35°~65°区域，与西风带平均范围一致，形成西风漂流，又因南极大陆附近的海水密度小于南极外海的海水密度，乃生成由西向东的地转流，故南极绕极流是西风漂流与地转流合成的环流。其深度从海面到海底的整个水层，平均流速为15厘米/秒左右，在德雷克海峡流速最快，可达到50~100厘米/秒。南极绕极流流速不大，但随深度减弱很小，而且厚度很大，因此具有巨大的流量，通过德雷克海峡的年平均流量估计为（100~150）$\times 10^6$ 米³/秒，堪称世界海洋最强流；但一年中流量变化很大，可从 $28 \times 10^6$ 米³/秒上升到 $290 \times 10^6$ 米³/秒，变化的典型时间尺度为两周，空间尺度小于80千米。其作为南极和热带的热量交流屏障，保证南极的寒冷。

## "蛋白仓库"磷虾

地球的两极地区，在不久的将来，有可能成为人类最大的蛋白质仓库，在这个巨大的蛋白质仓库中，产量最大的又首推南极磷虾。

南极虾最初被挪威捕鲸者命名为"克里尔"，意思是"很小的鱼"；日本人叫它"海酱虾"；也有人叫它"糠虾"。当南极虾夜晚浮出水面时，身体还能发出蓝绿色的粼粼荧光，因而又被称之为磷虾。

世界各大洋中均分布有磷虾，共有50多个品种，但以南极大磷虾的资源最为丰富。磷虾体长6~8厘米，如果除去须长，则身长只有5厘米左右，而且身体很细，平均体重只有2~3克，400只磷虾才够一千克，可见，磷虾个体是很小的。成虾的体内有微红色的球形发光器，两只乌黑的小眼睛配在

磷 虾

红色的躯体之上，显得非常漂亮。它们的外壳很薄，没有钳脚，短须也比普通虾柔软。

对南极磷虾的数量，目前只有一些估计的数字，美国科学家估计，南极磷虾的总储量不超过10亿吨；但前苏联科学家则认为，在南大洋中生活的磷虾，总量高达50亿吨。由于磷虾的繁殖能力很强，如果仅按10亿吨总量计算，那么，一年就可繁殖生产1.1亿吨到1.5亿吨，这是一个非常可观的数字，因为根据统计数字，1977年，全世界捕鱼总量也只有7 000万吨，而南极磷虾一年的生产量就是它的两倍，而且南极磷虾体内含有丰富的蛋白质，与牛肉和龙虾的含量差不多，可以直接向人类提供大量的动物蛋白。据澳大利亚和阿根廷的科学家估计，每年只要捕捞7 000万吨南极虾，就可以向全

世界人口的1/3提供基本蛋白质，所以，南极因此被人们称为世界的"蛋白仓库"。现在，世界上的人口越来越多，人类对蛋白质的需求量也就越来越大，而向人类提供蛋白质的传统食品，如猪、牛、羊、家禽和鱼等，生产量和增长速度都很有限，所以，开发利用南极磷虾资源，具有十分重要的意义。

南极磷虾主要生活在南极辐合带以南的南大洋海域，其中以威德尔海、布维岛附近海域、恩德比地附近海域、克尔格伦—高斯伯格海域、别林斯高晋海等海区尤为富集。为什么南极虾在南极辐合带以南的海域这么富集呢？这是因为，南极辐合带给南大洋带来了丰富的营养盐，使浮游植物——硅藻大量繁殖，而南极磷虾正是以这种鲜美可口的植物为食的，所以，每当夏季，硅藻大量繁殖，磷虾也长得很快。但磷虾的寿命较短，一般只有4~5年，所以，它们繁殖得快，死得也快。

磷虾性喜群集，而且常常有规律地移动。一群磷虾长度可达500米，宽可达数百米，而且密度很高，有时1立方米海水中竟含有30 000只磷虾，重量可达70多千克。磷虾的这种习性，非常有利于拖网捕捞，有的国家曾创造过一条船一小时捕捞40吨磷虾的记录。

磷虾成群结队地游动，有时潜入水下50~100米的洋水中，有时又浮游在海面。由于虾群密度很大，以致影响海水的颜色，白天可使海面呈现浅褐色，一到晚上，海面磷光闪烁，远远望去，仿佛万顷银波荡漾，一片流萤齐飞，好像神话中东海龙宫定海宝珠闪闪发光，神秘而又壮观。

磷虾繁殖能力很强，数量众多，喜欢群集，所以它是许多海洋动物的主要食物，据研究，有5种鲸类、3种海豹、20种鱼类、3种乌贼、企鹅以及许多鸟类以磷虾为食。须鲸吞食磷虾的数量很大，一条须鲸一天的吞食量可达5吨以上。据估计，在20世纪初南极鲸未被大量捕杀以前，须鲸每年要吃掉1.9亿吨磷虾。现在须鲸大量减少了，被鲸、海豹、企鹅和各种鸟类吃掉的磷虾为8 500万吨左右，这样，因须鲸减少而剩余出来的磷虾就有1.1亿吨。

磷虾含有丰富的蛋白质及其他多种营养成分，所以营养丰富，而且磷虾油质多，壳很软，可以连肉带壳一起吃，其味道鲜美可口，被人们称之为"冷甘露"。加上其脂肪含量少，所以，是一类理想的食品，尤其适合老年人需要及病人、产妇恢复健康时食用。

由于南极磷虾资源丰富，具有重要的经济价值，所以受到世界上许多国家的重视。前苏联从1962年就在南大洋开始试验性捕捞，到1977年，捕捞量已达到 10.5 万吨。从 20 世纪 70 年代开始、日本、波兰、前西德、民主德国、智利、韩国及我国台湾省都开始在南大洋对磷虾进行试验性捕捞。1978年磷虾总的捕获量估计超过了 20 万吨。

现在，世界有些国家的市场上已经有了磷虾产品，如俄罗斯把磷虾制成了数十种产品，有磷虾酱、香肠、火腿、加磷虾酱的面包、各种点心和罐头食品等，日本等国还销售冷冻整磷虾、磷虾仁和过油磷虾等，都很受欢迎。市场上出现更多的是作为饲料出售的磷虾粉，即将磷虾粉通过饲养猪、鸡、鱼等，转化为人们常用的肉类蛋白质。现在，已有越来越多的国家研究如何利用磷虾作为人类食品的问题。

**知识点**

### 威德尔海

威德尔海是南极的边缘海，南大西洋的一部分。它位于南极半岛同科茨地之间，最南端达南纬 83°，北达南纬 70°～77°，宽度在 550 千米以上。其中南部大陆棚，宽约 480 千米。大陆棚与大陆坡交界处，海深约 500 米。海域属极地气候。动物有企鹅、威德尔海豹、海燕等。全世界的大洋底部冷水有一半以上源出南极海域，其中大部分即产生于威德尔海。表层海流以顺时针方向运动，沿科茨地西南流，再沿南极半岛北流，最后与西风漂流汇合。

英国探险家和猎海豹者詹姆斯·威德尔于 1823 年 2 月 20 日乘"珍妮"号帆船，从南奥克尼群岛出发，向东南方向航行，最远到达南纬74°15′，西经 34°17′。1900 年以发现者威德尔的名字命名该海域。

**延伸阅读**

### "雪龙"驶进"魔海"

威德尔海素有"魔海"之称，不仅其流冰和狂风对人施加淫威，而且鲸群对探险家们也是一大威胁。2005 年 1 月 21 日，中国极地考察船"雪龙"

号在威德尔海域开始沿西经8°线向南航行。22日，载着中国第21次南极考察队的"雪龙"号首次穿越了南纬70°线，进入了威德尔"魔海"的纵深之地，创造了中国船舶向南航行的纬度最高纪录。在威德尔海沿南极大陆的弧形海湾里，大大小小的冰块满布于海面。"雪龙"号小心翼翼地躲开大冰山，在这片"魔海"中进行着海洋考察，基本完成了海水取样、生物资源调查等科考项目。24日，中国南极考察队在威德尔海的一座冰山上投放了首枚浮标。这枚由中国自行研制的极区浮标，可以连续不断地从漂移的冰山上，通过卫星向国内发送冰山的温度变化和具体方位。自此，中国终于成为了世界上为数不多的战胜威德尔"魔海"的国家之一。

## 南极标志动物——企鹅

企鹅，企鹅，顾名思义是企望之鹅。它们往往成群结队，兀立翘首，带着好奇的心理，面向大海极目远眺，好像在盼望着远方的亲人或来客登临这寂寞孤独的世界。

南极洲是世界企鹅分布的中心。南极大陆沿岸的茫茫冰涯上，人们可以看到大批企鹅群集的盛况。它们往往排列着整齐的队伍，朝着同一个方向，活像一支训练有素的仪仗队，以南极主人翁的姿态向远方的来客行注目礼，肃立致敬，表示热诚欢迎，以尽地主之谊。

世界各地的企鹅种类总共不到20种，几乎全部分布在南半球。其中有7种分布在南极辐合带以南的南极区，其余分布在南半球的海岛上。一般来说，纬度越低，企鹅的个体越小，这是因为个体越小，散热越快，是企鹅的一种生存适应。在澳大利亚南部生活的蓝眼企鹅，是世界上最小的企鹅，它们身高不过30厘米，体重不足1千克。

在南极地区被人们发现的企鹅大致有下列种类：帝企鹅、王企鹅、阿德利企鹅、巴布亚企鹅、南极企鹅（又名帽带企鹅）和冠企鹅等。南极地区企鹅种类虽然不多，但其数量却大得惊人。据估计，南极地区大约有几十亿只企鹅，是南极鸟类中最大的家族。

南极企鹅的共同特征是：躯体都呈流线型，腹背毛色黑白分明。羽毛因适应海洋环境而成为鱼鳞状。翅膀退化，变得短小而近鳍形，故称"鳍足"。企鹅均躯体肥胖，挺胸凸肚，大腹便便，在陆地上走起路来摇摇摆摆，步履蹒跚，动作迟缓，让人感到滑稽可笑。

**南极企鹅**

更为有趣的是，企鹅一身装扮得衣冠楚楚，它那白色的前胸好像洁白的衬衫，黑色或藏青色的羽毛后背，又好像披着一身笔挺的燕尾服，俨然是位衣冠楚楚将要赴宴的阔老，显得一副绅士派头。当大批企鹅群集在一起时，相对兀立，参差有序，远远望去，又好像是金融交易市场正在举行股东集会，无数资本家正在那里议价投标，纵谈商情。

巴布亚企鹅的角唇呈红色，眼眉处有白色三角形；冠企鹅头部有黄圈，像一个金色的桂冠，因而得名。帝企鹅分布普遍，几乎遍及南极周围的海岸带区。阿德利企鹅主要分布在阿德利地，是企鹅中数量较多的一种。南极企鹅性喜大批群栖，多时达到十万只以上。

尽管企鹅的高傲姿态似乎显得有点道貌岸然，甚至盛气凌人，假使你靠近它，它也旁若无人。但从它那玩世不恭的神色之中却寓着逗人的憨态。它在陆地上动作迟缓，走起路来大摇大摆，显得十分滑稽可笑。它经常傻乎乎地兀立不动，或偶然以不可一世的神态斜着眼睛藐视你一下，所以常常成为摄影者理想的模特儿。人们一见到它，就会自然地联想到南极洲，因此，企鹅实际上已成了南极的代表和寒冷的象征。即使在动物园里见到它，人们也一定会自然地想起南极的冰雪世界。

企鹅以海里面的鱼、虾、乌贼和浮游生物为食，所以，企鹅有很多时间要生活在海里。别看企鹅在陆地上行动笨拙，依靠脚掌直立行走，同时还借助于尾巴的支持和鳍足的平衡，才使身体免于跌倒。但企鹅一到海里便如鱼得水，其流线型的身体特别适合游泳，企鹅的游泳速度非常快，可达每小时25～30千米，甚至超过每小时40千米，可以赛过行驶最快的捕鲸船，堪称游泳健将。

不仅如此，企鹅还是潜水和跳高能手，它能持续潜水18分钟以上，即使在海水封冻的时候，它也能钻进冰裂缝和冰洞，潜入海里去捕食；企鹅能利用带蹼的脚和退化了的翅膀，从水中一跃而起，腾空2米多高，凭借这股弹跳力登上浮冰块，或在空中做抛物线，重新潜入水底，继续敏捷地追捕鱼虾和浮游生物。由于企鹅高超的水中活动本领，所以，它们在海中捕食的能力很强。

此外，企鹅遇到险情时还会立即卧倒，张开双脚，舒展鳍足，在冰雪地上做游泳状，快速匍匐前进。

## 阿德利企鹅

阿德利企鹅是企鹅品种中数量最多的一个，属中、小型种类，高50～70厘米，体重5～6千克，分布在南极大陆、南极半岛以及南设德兰群岛、南乔治亚岛等若干座岛屿，是南极分布最广、数量最多的企鹅。阿德利企鹅的名称来源于南极大陆的阿德利地，此地是1840年法国探险家迪蒙·迪尔维尔以其妻子的名字命名的。

阿德利企鹅羽毛由黑、白两色组成，它们的头部、背部、尾部、翼背面、下颌为黑色，其余部分均为白色。眼周也为白色，嘴为黑色，嘴角有细长羽毛，腿短，足为铬黄色。阿德利企鹅和许多种类企鹅一样，雌鸟和雄鸟同形同色，从外形难以辨认。

企鹅体呈纺锤形，翼和足是重要的游泳器官，它能像鱼一样在水中穿梭，游泳速度可达24千米/小时。游泳时经常跃出水面。阿德利企鹅登陆有时很艰难，需要借海浪的冲击跳上岩石或冰岸上。

阿德利企鹅整个冬季都在冰上生活，捕食鳞虾、乌贼和海洋鱼类等并躲避食肉动物。有时候为了逃脱海豹和逆戟鲸的追杀，它可以垂直往上跃出水面2米高，到达厚冰上的安全地带。

当春季来临时，成群结队的阿德利企鹅便摇摇摆摆地越过积冰到达海岸附近的陆地上筑巢繁殖，群体可达几十只到上百只。此时，冰雪开始消融，传统繁殖地与海边的路程大大缩短了，并且繁殖期中，它们可以及时从大海中获得食物。

阿德利企鹅

在繁殖期，它们形成"一夫一妻"的配偶关系，雄鸟负责争取巢位的工作，并维护营巢领域。阿德利企鹅的巢很简陋，是由雄鸟收集石子堆砌筑成的。它用小的鹅卵石筑巢——在那里实在也没有其他什么材料可用——而它的为探险家所喜爱的一个特色，便是它使用卵石求爱的动作。雄企鹅会庄重地向雌企鹅奉献一块卵石，而通常这是它从别的企鹅巢偷来的。这些举动有滑稽可笑的一面，但是偷卵石这件事对于企鹅的育婴工作来说，的确是一件性命攸关的问题，因为一定要有合适的企鹅巢供孵卵的企鹅站立，才可使它所孵的娇嫩的蛋保持在地面融雪水之上。

阿德利企鹅每次产卵 2 枚，雌雄鸟交替孵卵，孵化期 42 天左右。在孵蛋的几周期间，不论天气多么坏，它们都会屹立在巢上。有时，整个企鹅群会为暴风雪所湮没，但孵蛋的企鹅决不会离开它的巢窝，它们很镇定地站在雪堆中不肯抛弃所孵的蛋，常常几乎活活为雪堆所埋。在整个孵蛋期间，担任守卫的父母——有时是雄企鹅，有时是雌企鹅——是不吃东西的，只靠它体内的脂肪生活，直至它能返回海中捕食鱼类补充营养为止。

阿德利企鹅的雏鸟属半晚成鸟，亲鸟从海洋中捕食食物贮存在消化道中，育雏时，将半消化的食物从消化道中呕出，以口对口的方式进行哺喂。雏鸟

发育到一个月时可以成群进入海中捕食。

## 帝企鹅

帝企鹅是南极动物的真正代表。这是因为，帝企鹅不像其他种类的企鹅及别的海洋动物与鸟类那样，夏来冬去，而是一年四季均生活在南极大陆沿岸及附近的海里，并且帝企鹅最不怕冷，在生育季节，可以冒着零下30℃～40℃的严寒，不吃不喝坚持3～4个月之久，而且它的生育季节也与众不同，不是在气温逐渐升高的春季，而是在又冷又黑的冬季。

帝企鹅是南极企鹅之王。它身躯最为高大，可达1米以上，宽可达0.33米，体重可达40～50千克。它的头、背和鳍足均呈黑色，嘴尖而长，也为黑色，嘴的两边、颈项部分为橙黄色，向胸部逐渐变淡，腹部为白色。帝企鹅全身装束朴素雅致，落落大方，很有帝王风采。

帝企鹅

帝企鹅为繁殖幼禽所安排的生活规律，其严格性不亚于世界上任何其他动物。通常帝企鹅集居繁殖的地点都在南极洲东沿海，南纬66°以南的海湾里。在暖季时，海冰化开，帝企鹅就自由自在地在南冰洋海域里游泳嬉戏，捕捉食物；有时也跃上冰块休息，随波逐流，任凭东西。帝企鹅要在这一时期尽量填饱肚子，积累脂肪，养精蓄锐，以便有足够的储备去战胜漫漫极夜的狂风与酷寒，而且还要完成生儿育女和抚育下一代的任务。

每年3～4月间，南极开始进入寒季（冬季），海冰开始形成。在海面被封冻之前，帝企鹅便成群结队，陆续登上南极大陆，开始极地"远征"。它们像一帮重返故里的海外侨民拖着缓慢的步伐，在一片嘈杂的叫鸣声中越过茫茫冰原，向着往常的栖居之地进发。

经过了一个时期的海上生活，它们已经"丰衣足食"。尤其在陆上重新安身立足之后，便有闲情逸致可以谈情说爱了。企鹅的求偶过程在"远征"

途中便已开始。它们边行走，边调情，嬉笑追逐，互相挑逗。到了目的地，对象已大体找定。

有时候它们的爱情生活中也往往会发生争风吃醋、勾心斗角的情场风波。一只雄性企鹅同时被两只雌性企鹅所追求，于是产生了有趣的"三角恋爱"。雄企鹅难以取舍，只好假作不偏不倚，袖手旁观，采取等着瞧的超然态度。雌企鹅为迷眼的情网所驱使，以致感情至上，失去理智，醋性大发，各不相让，有时甚至不惜诉诸武力，彼此决斗。双方始而横眉冷对，怒目而视，继而摇唇鼓翅，大打出手。败者怀着失恋的痛苦，怏怏而去；胜者带着胜利的喜悦夺到"丈夫"，显得扬眉吐气。便胸贴着胸，嘴对着嘴，紧紧依偎着得来不易的对象，唱起了甜蜜的爱情之歌。经过一段短暂的交头接耳的热恋之后，如果情投意合，它们便互相交配，终成眷属，并卿卿我我地度起蜜月来。

帝企鹅是"一夫一妻"制，它们"夫唱妇随"，在"家庭"生活中，互助互爱，体贴入微，堪称"恩爱夫妻"的楷模。它们在日渐深厚的感情中，共同谱写着生命史中的新篇章——养育下一代。

帝企鹅喜欢群居，但从来不筑巢，所以，它们虽然新婚燕尔，却没有"洞房"，它们一对一对地相互隔着 2～3 米，在平坦的冰面上站着或趴着，就算成了一个家。

雌企鹅怀孕之后，在 5～6 月间产下一个带淡绿色的蛋，而且每年只生一个蛋，蛋重 0.5 千克左右。雌企鹅产完蛋后便算完成"任务"，立即把它交由雄企鹅，由雄企鹅承担孵育小企鹅的责任；再过 12 小时左右，雌企鹅便前去海洋进食。从 4 月底企鹅回返到 6 月雌企鹅产蛋的两个月里，它们都不进食，雌企鹅为此消瘦掉体重的 1/5，约 8 千克左右，所以，雌企鹅产完蛋后，体力消耗很厉害，早已是腹中空虚，饥肠辘辘了。

虽然雄企鹅也在离开海洋时便断了食粮，并且此时体力也消耗很大，但它为了"体贴"和"照顾"雌企鹅，还是毫无怨言地自愿承担起孵育小企鹅的任务，由于孵蛋需要 60～63 天，所以，雄企鹅的实际禁食期长达 4 个月之久，为此而损失体重 35%～45%，即约 18～22 千克。

雄企鹅孵蛋真可谓动物界的一大趣闻。企鹅孵育幼禽正值极地寒季，每秒 40 米的凛冽寒风和 -50℃ 以下的低气温造成地球上最为艰苦的生物繁殖条件。显然这种险恶的环境可以避免其他兽类的袭击，保证父子安全无恙。为了保持体温，互相取暖，孵蛋的公鹅们都肩并肩地背风而立，如同一堵挡风的矮墙。雄企鹅把蛋搁在带有厚蹼的双脚上，喜欢得简直像"掌上明珠"，

使它不直接接触冰冷的地面。然后从自己温暖的腹部奄拉下一块皱皮来严严盖住所孵之蛋，这样，雄企鹅尽心竭力、不吃不喝地伫立 60 多天，光靠消耗本身的脂肪来提供孵蛋所必需的体温，并维持自身最低限度的新陈代谢。企鹅为了生育这么一个独生儿女，它们确实付出了很高的代价。

当幼禽脱壳而出之后，雄企鹅还继续用腹部的皱皮为小企鹅取暖。小企鹅有时怀着好奇的心理，顽皮地从父体腹部垂下的皱皮上探出头来，窥视一下四周这个冰天雪地的陌生世界，焦急地等待着尚未见面的"妈妈"为它带来丰盛的食物。出生后头几周，它还不敢擅离父亲的怀抱去随便活动，只是在家长的宽阔的脚蹼上躲伏着，偶尔随着脚蹼移动，才变换一下位置。

雌企鹅利用雄企鹅孵蛋的时机，在大海里尽情游泳，饱食鱼虾，休养生息，恢复体力，以弥补产期中的消耗。不久就在体内重新积聚起一层丰腴的脂肪。等它喝足了，吃饱了，玩够了，便抖擞羽毛，跃上冰岸，兴致盎然地开始踏上回家的归程。它一边摇摆着前进，一边梦牵魂萦地惦念着阔别已久的"夫君"。当然更牵肠挂肚地思念着它那尚未见面的初生"娇儿"，一路上，三步并作两步，匆匆向前奔去。

企鹅具有惊人的辨向识途的能力。雌企鹅离家两个多月，征途遥远，但它能沿着原路准确地找到自己的栖身之地，并根据叫声在数万对"夫妻"之外找到自己的"夫君"。久别重逢，自然特别亲热，特别是新生的"娇儿"，为它们全家的欢聚倍增了天伦之乐。雌企鹅这时还从海洋中带回一份食物，通过反刍作用从嗉囊中吐出来哺给小企鹅，作为妈妈给孩子的"见面礼"。

雌企鹅看到自己的"夫君"为孵育"娇儿"消瘦、可怜的样子，十分心疼，便赶紧把小企鹅接过来由自己抚养，好让"夫君"到海中去饱餐一顿，以恢复身体。从此以后，小企鹅便由父母从海中带回食物轮流抚养长大。

小企鹅出生 10 天之后，便从父母的腹下挣脱出来，这时即可以在冰上独立活动了。为了争取更多的时间，有时父母都要下海捕食，它们便不得不将自己的"孩子"托付给邻居照看，这样，一只留守的帝企鹅往往要负责照看一大群唧唧喳喳的小企鹅，很像一个托儿所里的阿姨。

经过 40 多天的喂养，到南极暖季来临时，小企鹅已换上了同它父母一样的漂亮服装，羽毛丰满，可同父母一起出海捕食了。到暖季时，它们父母一年一度的"夫妻"生活就终止了，这时已生齐羽毛的幼企鹅便随其父母在充满阳光和鱼类的海洋中嬉戏并进食。由于极地的生活条件异常严酷，尽管有父母无微不至的抚育和照顾，但仍然只有 25% 的小企鹅能维持生命并成长壮大。

## 王企鹅

王企鹅和帝企鹅是同属、异种，身长 90 厘米左右，重 14～18 千克，外形与帝企鹅相似，身材比帝企鹅"娇小"些。王企鹅嘴巴细长，脖子下的红色羽毛较为鲜艳，向下和向后延伸的面积较大，是企鹅中色彩最鲜艳的一种，同时也是南极企鹅中姿势最优雅、性情最温顺、外貌最漂亮的一种。

王企鹅游泳的速度范围在每小时 8～10 千米。它们是了不起的潜水员，根据记录它们能潜到 510 米深的水下并能在水底待 18 分钟。仅在浮冰区域内的南极洲里能发现王企鹅。这些鸟类能够在 0℃ 的温度下生存。王企鹅即使在海洋中也一起游泳、进食及潜水。企鹅群为它们的成员提供保护，防止饥饿及寒冷。

如果企鹅太热，就会举起它的鳍状肢，让身体的两面暴露在空气中散热。当企鹅饥饿时，它们会开始成群地走在一起，当它们在陆地上用像蛙的双脚笨拙地蹒跚而行时，人们喜欢观察企鹅滑稽的走路模样及头部的转动。对于王企鹅，雪上行走更有效的方法是用它们的肚子做"平底雪橇"般的滑行，使用它们的鳍状肢及腿来推进。

在水中，王企鹅是熟练的游泳及潜水高手。像海豚一样，每隔几米企鹅要浮出水面来呼吸。王企鹅不太有或根本没有嗅觉，它们的味觉也是有限的。它们在陆地上可能是近视的，但在水里面，它们的视力会好一些。由于企鹅有浑厚重叠的油性皮毛形成防水外皮，提供极佳的御寒功能，所以能待在极寒冷的气候里，而且必须要适当保养这身皮毛，它们才能好好地生存下去。王企鹅会以在水中扭动及翻转的动作，用鳍状肢摩擦自己的身体，进行几分钟的梳洗。

王企鹅

王企鹅也是集体繁殖，有领域性，每对领域的范围约 1 平方米。但它不像帝企鹅那样在黑暗的冬夜里产卵，其产卵期是从 11 月开始，在相对温暖的夏天孵化，使小企鹅在冬天来到之前就

DIQIU JIDI REN WO XING

能在海边自由来回。王企鹅的小宝宝们在亚南极岛屿安全地度过冬天，在南极则是不可想像的。

王企鹅不筑巢，在低的荒野地上繁殖，每次产卵一枚。由雌雄企鹅轮流孵蛋 52～56 天。准备当父母的王企鹅不吃不喝地来孵卵，它们将腹部底下挺出，像是温暖的孵卵箱一样。刚生下来的小企鹅几乎全裸，第一次的绒羽浅灰或褐色，第二次则转为暗褐色，脖子很细，具有很大的翅膀，看起来好像小鸟的翅膀一样。这时，母亲将已经消化的东西吐出来喂小企鹅。小企鹅在父母身边约 40 天大就加入幼鸟群，10～13 个月羽翼丰满。小企鹅会被照顾约一年的时间。5～7 岁达到性成熟。企鹅很长寿，据说可以活 20～30 岁。

## 巴布亚企鹅

巴布亚企鹅又叫金图企鹅、白眉企鹅，分布于哥伦比亚、委内瑞拉、圭亚那、苏里南、厄瓜多尔、秘鲁、玻利维亚、巴拉圭、巴西、智利、阿根廷、乌拉圭以及福克兰群岛，南极大陆、南极半岛以及南设德兰群岛、南乔治亚岛等若干座岛屿。

巴布亚企鹅身高 56～66 厘米，体重约 5.5 千克，有南方种和北方种之分，其身高、体重和形态略有差异。巴布亚企鹅嘴细长，嘴角呈红色，眼角处有一个红色的三角形，显得眉清目秀，潇洒风流。

巴布亚企鹅通常在近海较浅处觅食，主要食物为鱼和南极磷虾，特别是后者，是巴布亚企鹅的首选猎物。巴布亚企鹅对深海捕鱼颇为擅长，又被称为企鹅中的战斗机。它们有时深潜至海中 100 米处，但潜水时间通常仅持续 0.5～1.5 分钟，很少超过 2 分钟，而且有 85% 时间潜水不足 20 米。

雌性巴布亚企鹅的繁殖期在南极的冬季，以石子或草筑巢，视地区而不同。雌企鹅每次产 2 个蛋，雌、雄企鹅轮流孵蛋，先雄后雌，

巴布亚企鹅

每隔 1～3 天换班一次。因此在繁殖期的大部分时间内，它们都不必进行长时间的禁食。另外，在繁殖期，巴布亚企鹅只在群居地方圆 10～20 千米的范围内活动。巴布亚企鹅孵蛋期较长，达七八个月，雏企鹅发育较慢，3 个月后才能下水。

## 帽带企鹅

帽带企鹅和同属的阿德利企鹅长得相似，唯一不同之处在于它的脖子底下有一道黑色条纹，像海军军官的帽带，显得威武、刚毅。俄罗斯人称之为"警官企鹅"。分布地区是南极半岛北端西岸的南雪特兰群岛及亚南极岛屿。

帽带企鹅

帽带企鹅身高 43～53 厘米，体重 4 千克，躯体呈流线型，背部为黑色羽毛，腹部为白色羽毛，翅膀退化，呈鳍形，羽毛为细管状结构，披针型排列，脚瘦腿短，趾间有蹼，尾巴短小，躯体肥胖，大腹便便，行走蹒跚。

帽带企鹅的生殖季节在冬季，雌企鹅每次产 2 枚蛋，孵蛋由雌、雄双方轮流承担，先雌后雄，雌企鹅先孵 10 天，以后每隔二三天，雄、雌企鹅轮流换班。与其他企鹅优先哺育较强壮的幼仔不同，帽带企鹅同等对待它的幼仔。幼企鹅的羽毛在 7～8 星期后即长丰满，其捕食活动主要在其聚集地附近的海域。尽管帽带企鹅在海上可在白天和晚上觅食，但它们潜入海水捕食主要集中在午夜和中午。

## 知识点

### 迪蒙·迪尔维尔

　　迪蒙·迪尔维尔（1790~1842），法国航海家。1820年在对地中海东部进行海图测量时，帮助法国政府对当年在爱琴海的米罗斯岛出土的著名维纳斯雕像取得了所有权。1822年参加环球航行。1827年他率探险队进行了南太平洋航行和考察。1829年提升为舰长，于1830年8月运送流放的国王查理十世去英国。1837年9月从土伦去南极洲，在麦哲伦海峡进行测量之后，船只在西经44°47′，南纬63°29′遇到浮冰。由于无法穿过，沿浮冰边缘向东航行了300英里。继而向西航行，观察了南奥克尼群岛和南设德兰群岛，并发现了茹安维尔岛和路易菲利普地。在继续穿过太平洋到斐济和帛琉岛、新几内亚和婆罗洲之后，又转回南极洲。于1841年末回到法国。1842年，在一次火车事故中与妻、子一同遇难。

## 延伸阅读

### 企鹅为什么不怕冷

　　南极极冷，然而企鹅却在这里生活得十分欢腾，这是因为它具有特殊的形体构成和复杂的控温机构。首先，它有一套良好的绝热组织，它身上长着一层茸毛层和一层羽毛层，只要竖起羽毛，聚足空气，两层毛便使身体与外界处于绝热状态，能防止身体热量散失；第二，企鹅的茸毛层可以在极地冬夜里吸收一种肉眼看不见的大气红外辐射，并将这种射线的热量储存起来，用以抵御严寒；第三，企鹅体内，特别是其便便大腹之内具有很厚的脂肪层，既可用来防止身体热量散失，又可用来作为孵育幼企鹅时的消耗；第四，企鹅具有同躯体内保持双重体温的能力，它可以将躯体的主体保持恒温，而将其他部分如鳍足、翅膀等保持接近外界的气温或仅稍高于外界的气温。

　　据科学家们研究，企鹅体内具有一种简单而有效的热交换器构造，即把热血送到双肢的动脉与把冷血送回心脏的静脉紧挨在一起，这样，心脏输出的热血，逐渐被静脉血管所冷却，到四肢时，已与外界温度差不多，所以，四肢就不会被冻坏，同样，通过静脉送回心脏的冷血，也会逐渐被动脉血管加热，因而不会危及心脏。

## "打孔专家"威德尔海豹

在南极海域，最有代表性的可能就是威德尔海豹了。威德尔海豹生活在南极半岛附近的威德尔海和设德兰群岛四周海域，但它们并没有固定的栖身地方，冬季时，它们会结伴迁移到离南极大陆很远的海域去。到夏季时，它们又成群结队地返回南极大陆附近的海域，除了捕食外，终日躺在冰面上晒太阳。

成年的威德尔海豹体长 3 米左右，体重 600～800 千克，身披短毛，背部呈深黑色，其余部分浅灰色，身体两侧有白斑。这些常常出没于南极大陆上冰洞的威德尔海豹可以说是"打孔专家"。每当寒季海面封冻时，它们便忙碌地在冰层下游来游去到处"打孔"。

威德尔海豹之所以要打孔，是因为它们需要不断浮出水面进行呼吸，每次间隔时间为 10～20 分钟，最长可达 70 分钟。在无冰时，浮到水面呼吸很容易，然而，当海面封冻时，呼吸便成了威德尔海豹的一大难题了。当威德尔海豹被封在海冰或浮冰群的底层时，就无法随时浮出水面进行呼吸，它闷得无法忍受时，就不顾一切大口大口地啃起冰来。费尽了平生之力，啃出了一个洞，它才能钻出洞外，有气无力地躺着，尽情地呼吸着空气。然而，它的嘴磨破了，鲜血直流，染红了冰洞内外；它的牙齿磨短了，磨平了，磨掉了，再也不能进食，也无法同它的劲敌进行搏斗了。正是由于这种原因，本来可以活 20 多年的威德尔海豹一般只能活 8～10 年，有的甚至只活 4～5 年就丧生了。更严重的是，有的威德尔海豹还没有钻出洞口，就因缺氧和体力耗尽而死亡。

为了保存自己用鲜血和生命换来的冰洞，威德尔海豹每隔一段时间就要重新啃一次，避免洞口被再次冻结。这样，冰洞就成了它进出海洋、呼吸和进行活动的门户。

威德尔海豹用鲜血和生命换来的冰洞，还是海洋学家进行海洋科学研究的极好场所。海洋学家可利用这些冰洞采集海水样品，从而进行海洋化学和

**威德尔海豹**

海洋生物学的研究；还可以把各种海洋学仪器放进冰洞，进行海洋物理学等学科的研究。这是个极为方便而有用的冰洞，假如用人工钻这样一个冰洞，要耗费很多人力和物力。因此，人们把威德尔海豹称为打孔巨匠和海洋学家的得力助手。

别看雄海豹长得一副蠢头呆脑的怪模样，它可深受雌性海豹的追求和痴恋。这也许是因为"雌性过剩"的缘故。通常在威德尔海豹中，处于青春期的雌海豹数量相当于雄海豹的两倍。一头交了"桃花运"的雄海豹常常是妻妾成群，前呼后拥。每当南极暖季来临之时，雌海豹春情勃发，纷纷一个劲儿地追求雄海豹。一头精力充沛的成年雄海豹可以轮番与雌海豹在水中交配。雌海豹对雄海豹的爱情专一。一旦配偶，便永结同心，长期相随。而雄海豹却随时寻欢作乐，伴侣多多益善。因此，身后的"妻妾"越来越多，最多的竟达500头以上。

每年10月中下旬，即南半球的春天，临产的雌性威德尔海豹在雄海豹的陪同下凭着高超的辨向识途的能力，在几百米深的昏暗的水里长途跋涉，回到它每年固定的地方生儿育女。在这个时间里的南极大陆海湾的冰面上，可以看到怀孕的雌海豹一个个肥壮滚圆，体重达到800~900千克。

一般情况下，雌海豹一胎产一仔，刚出生的幼仔体重就达到10~15千克。由于雌海豹的乳汁中含脂肪率高达40%以上，而且其他营养成分的含量也很高，所以，幼仔吸收后长得很快，平均每天体重可增长2千克，10天以后，它们的身长和体重都成倍增加，体重达到 30～40 千克。雌海豹在哺乳的两个月时间，一步都不离开幼仔，也不下海哺食，只啃一些冰面上的积雪解渴，完全靠积累在体内的脂肪来哺育幼仔，并维持自己的生命。等到小海豹体重达到 100～200 千克，可以独立下海哺食的时候，雌海豹的身体已极度虚弱，体重减少了 50%～60%，仅剩 300～400 千克了。

在哺乳期间，母豹脾气十分暴躁。也许爱子心切，生怕别的凶禽猛兽前来伤害她的宠儿，所以神经质地动辄耍泼，甚至失去常态。忽儿紧张地用嘴叼着幼仔东躲西藏，仿佛逃难似的；忽儿又不顾一切死命地把幼仔甩在冰地上。这种莫名其妙的"母爱"往往使小海豹遍体鳞伤，甚至因此而造成终身残疾。

南极威德尔海豹还是优秀的潜水者，它可以潜入 600 米的深海，历时 1 小时之久。这种深潜和长潜的奥秘在哪里？最近，科学家在实验室模拟现场进行了研究，发现潜水时威德尔海豹的生理功能发生很大的变化，以适应下潜的需要。这对心脏、肺和脑这些重要器官的代谢与调节作用的研究，提供了一些新见解。

下潜时，威德尔海豹的心脏跳动立即从每分钟 55 次下降到 15 次，心脏的血流量，从每分钟 40 升降到 6 升。其他大多数器官只能得到正常血量的 5%～10%，但血压正常，依然保持 21 千帕。

下潜时血糖大量下降，上浮后开始的 5～10 分钟仍然继续下降，但此时心功能却大幅度提高。下潜时由于不能进行呼吸，体内贮存的氧气不久就近乎枯竭，葡萄糖的代谢只能通过无氧酵解的途径变成乳酸，因此，血液中乳酸的浓度很高，达正常值的 3 倍。上浮后乳酸浓度迅速下降。下潜时所需要的能量是由乳酸供应的。

肺的代谢延缓，并能吸收乳酸，这与平时不同，平时海豹的肺是利用葡萄糖进行代谢的。

下潜时脑的代谢还不太清楚，如果也是利用乳酸，那么脑中葡萄糖的代谢要比原来高 8 倍，才能满足需要；如果不是这样，那就是说，没有氧也能满足脑对能量的需要。实际上，下潜 70 分钟后，脑消耗的糖仅占总量的 33%。

令人奇怪的是，那么多乳酸是从哪里来的呢？脑和肺不可能制造乳酸，它一定是从海豹身体的其他部位来的。实验表明，乳酸来自肌肉和皮肤，因为这些部位的血流量很低，仅占 15%。由于血少缺氧，这些器官只能进行无

氧代谢，产生乳酸。然而，无氧代谢产生的能量是很少的，怪不得血流量很少的那些器官会消耗那么多葡萄糖，去产生乳酸。

威德尔海豹脑对氧的消耗量极低，这对潜水是很有利的。威德尔海豹血液中含有 1 000 毫摩尔的氧，脑在 70 分钟仅用去血氧的 3% ~ 4%，而人脑在同样时间内要用去血氧的 90%。威德尔海豹心脏在 70 分钟内用去 14% 的氧，而人心脏却是 57%。仅从威德尔海豹脑和心脏的耗氧量来看，它还有延长潜水时间的潜力。

与人相反，威德尔海豹的脑袋小得可怜，只有人脑的 5% 左右。那么一个庞然大物，长着一个不到体重千分之一的小脑袋，并非没有道理，这可能是威德尔海豹能适于深潜和长潜的奥秘之一。

## 知识点

### 无氧代谢

无氧代谢是指肌肉里糖的分解和释放能量没有氧的参与。人一旦运动，体内预存的热能物质 ATP（三磷酸腺苷）只够用 15 秒的，跑完 100 米就用完了，再继续跑，氧在血管里的运行一时跟不上，血糖就必须在无氧状态下，迅速合成新的 ATP 来供能。时间短强度高的肌肉运动，大多以无氧代谢为主。无氧代谢产生 ATP 速度快，但是数量比较少，只能维持 40 秒，跑完 400 米就用完了，而且运动后肌肉里会累积大量乳酸。乳酸是一种强酸，积聚过多会使体内酸碱度的稳定受到破坏，使肌体工作能力降低。此时坚持训练，肌肉感觉不刺激，很难练出效果，而且肌肉酸痛本能地排斥继续运动，让你很难集中意念训练。

## 延伸阅读

### 信天翁

在南极几十种海鸟中，最善于飞翔的是遨游者信天翁。这是一种美丽出众的飞禽。身躯很短，翅膀很长，羽毛洁白如玉，只有翼尖和尾端略带黑色。

在蔚蓝色的天空中，悠然滑行，显得十分可爱。人们早就传颂着信天翁长途飞行的能力。1887年9月18日，居住在澳大利亚西海岸的人们，在田野上找到一具信天翁的尸体。他们在这只鸟的脖子上发现一个铁环，上面有一封短信，报告一队船员遇难的消息。发出地点是罗克泽岛。时间是同年8月4日。罗克泽岛位于非洲到南极洲之间的大洋中，在东经50°左右。而澳大利亚西海岸则大约在东经110°附近。也就是说，这只带着笨重铁环的信天翁，在一个半月的时间里，向东跨越了60个经度，行程达3 000千米。当然，这还不是信天翁飞行的最高速度，有材料说，信天翁可以在12天里飞完5 000多千米的路程。只要它愿意，就可以毫不困难地绕着南极大陆飞行一周。

## 北极标志动物——北极熊

在北极地区的众多动物中，北极熊是北极地区独有的，因此，北极熊被人们看做北极地区的"标志动物"。

北极熊，又称白熊，属于熊的一种。顾名思义，北极熊生活在北极。它们把家安在北冰洋周围的浮冰和岛屿上，还有相邻大陆的海岸线附近，基本呈环状分布。它们一般不会深入到更北端的地方，因为那里的浮冰太厚了，连它们的最主要猎物——海豹也无法破冰而出，没有食物，北极熊自然不会去冒险。在北极茫茫的冰原上，天寒地冻，食物很少，自然条件非常严酷，但北极熊却适应了这里严酷的自然条件，顽强地在这里生活着。北极熊是北极动物群中最富特性的、最为完美的代表。

北极熊是目前世界上第二大的熊科动物，也是第二大的陆地食肉动物，过去人们一直认为北极熊是最大的陆地食肉动物，直到近期在科迪亚克岛发现了880千克的科迪亚克棕熊，北极熊才屈居第二（如果不计入亚种，北极熊仍是最大的陆地食肉动物）。雄性北极熊身长大约240~260厘米，体重一般为400~600千克，甚至可达800千克。而雌性北极熊体形约比雄性小一半左右，身长约190~210厘米，体重约200~300千克。到了冬季睡眠时刻到来之前，由于脂肪将大量积累，它们的体重可达500千克。

北极熊身体窄扁呈流线形，脑袋狭小，头和颈比别的熊长，熊掌宽大宛如双桨，周身的皮毛均匀、厚密，而且其中含空气的中心层较厚，皮下脂肪层可厚达6~7厘米。夏季时，北极熊的毛为淡黄色，一到冬季，除了它的黑

北极熊

鼻子外，北极熊浑身上下，洁白如雪。

在北极地区，既有冰川、陆地，也有广阔的海洋，为了适应环境，北极熊也不得不过着半水生的生活，其身体结构也作了相应的调整，使北极熊这种陆生哺乳动物也成了游泳和潜水的好手，不仅大熊，就连小熊，也能以每小时 5~6 千米的速度长时间游泳，曾经有人在离海岸 320 千米的海面上看见过北极熊劈波斩浪的英姿。北极熊还可以睁着眼睛，紧闭鼻孔，潜入水下 2 分钟左右，这对于一个陆生动物来说，是很不容易的。

为了觅食，北极熊一生都辗转在冰上，其迁徙距离和鸟类不相上下，可达 1 000 千米以上，夏季随浮冰向北漂移，冬季又回到纬度较低的地区活动。

让人不解的是，北极熊具有惊人的航海本领和辨向识途的能力。北极熊能像鸟类一样准确无误地辨别方向，而且在北极漫长的极夜里也是如此；北极熊赖以生存的巨大浮冰群几乎经常地处在不停的运动之中，但它能根据浮冰群移动的方向和速度来不断修正自己的路线，选准浮冰，按照自己的方向和路线前进，它甚至还具有准确判断附近有无尚未冰封的水面的惊人本领；北极熊在冰上动作非常敏捷，其奔跑速度可达每小时 60 千米，其在冰上辨向识途，纵横驰骋的能力是非常出色的，它能以非同寻常的技巧在变幻莫测的冰群中来往自如，时而沿着冰岭爬上陡峭、光滑、城墙般的冰山，时而又从一座冰峰跳到另一座冰峰。北极熊熟谙浮冰的特点，可以从似乎难以逾越的冰山雪堆中准确无误地觅出一条理想的通途。有时，北极考察人员甚至以熊迹为"向导"。因为熊迹是一条最容易走的路径。

北极熊以在北极地区生活的海豹、北极狐、驯鹿、鱼类和鸟卵等为食，有时饿急了，也吃一些像苔藓、地衣之类的植物。北极熊在北极地区实际上是没有劲敌的，所以，它有"冰上霸王"之称。

北极熊捕食时，既有耐力，又机敏诡诈。它常以惊人的耐力长时间地守在冰洞旁等候海豹，它巧妙地将它那容易暴露的黑鼻子用熊掌遮住，静卧在积雪浮冰之中，一动不动，悄无声息。只要海豹稍一露头，它便爪子、利齿一起上，将海豹牢牢抓住。即使是在冬天，海豹躲在冰窟窿中，只留一个小孔出气，但为了保持小孔不冻，海豹往往要用嘴啃冰，于是嘴尖容易露出冰面，仅仅这样，也给了北极熊以可乘之机，北极熊能死死抓住海豹的嘴和头，硬将其拖出冰面。它力大无比，足以使拖出冰面的猎物两肋和骨盆都挤得粉碎。

春末和夏初，北极地区的海豹都喜欢躺在冰面上晒太阳。由于海豹经常受到北极熊的袭击，所以，它们非常警惕，即使是卧在平展光滑的冰面上，也常常抬起头来四下张望，一旦发现危险，它们的后鳍脚在空中一闪，就滑进冰窟窿里不见了。这样，北极熊首先必须在远处窥探好猎物，然后设计好路线，巧妙地利用每个不大的藏身之地，悄悄地接近猎物，一旦接近猎物，它便猛扑上去，一掌便将海豹的头盖骨击碎。有时，海豹躺在一块断冰上，北极熊为了接近它，可以深深地潜入水中，从水下接近它；有时，北极熊还可推动一块浮冰向前移动，以此作为掩护来接近海豹。

北极熊在北极地区严酷的自然条件之下，捕食并不是一件很容易的事情，往往是一次成功的捕获和整周的挨饿相交替。不过，北极熊能够很好地适应这种环境，首先，它的胃容量大得惊人，它可以容纳 50～70 千克的脂肪和肉。它具有一次快速地贮存，然后慢慢地消化脂肪和肉的本领；其次，北极熊还有不分季节，随时进入蛰伏状态的特殊本领，每当储备耗尽，又找不到食物时，它们便启用这种备用的本领。

北极熊不畏严寒，具有十分高超的保暖本领。一般它们是不躲入洞穴过冬的。只有怀孕的雌熊才会在秋天营建洞穴，然后躲进洞穴生儿育女，以避免冬天的严寒气候对幼熊的伤害。雌熊的洞穴都建在其迁徙途中的一些人迹罕至、山石嶙峋的小岛上，都是利用山坡上的积雪，就地取材营造洞穴的。有些岛屿甚至像"产院"一样，每年接待大批雌熊来此生产，岛屿上"熊

穴"遍布，形成一种十分奇特的自然景观。

每年12月至次年1月，北极熊在洞穴里产仔，一般一胎2只，年轻雌熊常常只生1只。幼熊刚出生时柔弱无力，而且与雌熊相比，显得小得出奇，体重仅1千克左右。不过，这也是一种对自然条件的适应，因为幼熊是靠雌熊的乳汁喂养长大的，可是雌熊一冬天都不吃不喝，完全靠体内的贮存来喂养幼仔，显然，如果幼熊太大，母、仔的生活就难以维持。

北极熊的寿命为20～25岁，也有少数能活到30～40岁的，雌熊每隔3年左右才繁殖一次，所以，北极熊的繁殖增长速度是非常慢的。

除了极度饥饿和受伤以外，北极熊一般是不会伤害人的。有时北极熊对北极浮冰考察站上的工作很感兴趣，常常偷偷地跑到科学站的营地中来，有时甚至钻进帐篷或跑到厨房和仓库中去翻寻食物。现在对北极熊的捕猎是禁止的，但科学考察人员为了保护自己，避免北极熊的侵害，可以开枪射击，但一般都是用照明弹把它吓走。

熊肉很鲜美，但其也有一种明显的特殊的油脂气味，不是每个人都喜欢吃的。熊肝有毒，是不能食用的。熊掌富含胶质，是珍贵的补品。熊胆是一种名贵的药物，可以健胃解毒、清肝润肺。熊皮有很高的实用价值，可做褥垫、地毯等等。

## 知识点

### 科迪亚克岛

科迪亚克岛位于阿拉斯加湾内，与阿拉斯加半岛之间隔有舍利科夫海峡。岛长160千米，宽16～96千米，面积9 293平方千米。东部地势高，有茂密森林，低地区绿草如茵。岛上多丘陵，近东海岸超过1 500千米。日本洋流（黑潮）带来温暖、潮湿的气候。科迪亚克国家野生动物保护区建于1941年，面积7 345平方千米，占全岛总面积的75%，栖有科迪亚克熊。该岛是科迪亚克群岛的主岛，也是阿拉斯加州第一大岛和仅次于夏威夷岛的美国第二大岛，面积8 975平方千米，常住人口约6 000人，其中因纽特人超过2 000人。岛上经济以渔业为主，盛产大马哈鱼和鳕鱼。

**延伸阅读**

### 北极驯鹿

北极驯鹿，又名角鹿，体长 100～125 厘米；雌雄都有角，角干向前弯曲，各枝有分权，雄鹿 3 月脱角，雌鹿稍晚，约在 4 月中、下旬；驯鹿头长而直，耳较短似马耳，额凹，颈长，肩稍隆起，背腰平直，尾短；主蹄大而阔，中央裂线很深，悬蹄大，行走时能触及地面，因此适于在雪地和崎岖不平的道路上行走；体背毛色夏季为灰棕、栗棕色，腹面和尾下部、四肢内侧白色；冬季毛稍淡，为灰褐或灰棕色，5 月开始脱毛，9 月长冬毛。分布于欧亚大陆、北美、西伯利亚南部。

驯鹿最惊人的举动，就是每年一次长达数百千米的大迁移。春天一到，它们便离开自己越冬的亚北极地区的森林和草原，沿着几百年不变的路线往北进发。而且总是由雌鹿打头，雄鹿紧随其后，秩序井然，长驱直入，边走边吃，日夜兼程，沿途脱掉厚厚的冬装，而生出新的薄薄的夏衣，脱下的绒毛掉在地上，正好成了路标。就这样年复一年，不知道已经走了多少个世纪。它们总是匀速前进，只有遇到狼群的惊扰或猎人的追赶，才会来一阵猛跑，发出惊天动地的巨响，扬起满天的尘土，打破草原的宁静，在本来沉寂无声的北极大地上展开一场生命的角逐。

## "雪地精灵" 北极狐

北极狐又叫蓝狐、白狐，分布在俄罗斯极北部、格陵兰、挪威、芬兰、丹麦、冰岛、美国阿拉斯加和加拿大极北部等地。其长相既像狼又似狗，体长 50～60 厘米，尾长 20～25 厘米，体重 2～4 千克。体型较小而肥胖。嘴短，耳短小，略呈圆形，腿短。冬季全身体毛为白色，仅鼻尖为黑色。夏季体毛为灰黑色，腹面颜色较浅。有很密的绒毛和较少的针毛，尾长，尾毛特别蓬松，尾端白色。

北极狐能在零下 50℃ 的冰原上生活，脚底上长着长毛，可以在冰地上行走，不打滑。它们之所以能在这种严酷的自然环境下生存下来，完全得益于它们那身浓密的毛皮。即使气温降到零下四五十摄氏度，它们仍然生活得很舒服。

北极狐每年换毛两次。在冬季北极狐披上雪白的皮毛，而到了夏季皮毛的颜色又和冻土相差无几。冰岛和格陵兰甚至有蓝色北极狐变种。在冬季，北极狐的皮毛甚至比北极熊的皮毛还保暖。经过人工饲养可见到大量的毛色突变品种，如影狐、北极珍珠狐、北极蓝宝石狐、北极白金狐和白色北极狐等，统称为彩色北极狐，在国际毛皮市场上是畅销的高档商品，因为北极狐个大，体长，毛绒色好，特别是浅蓝色北极狐，被视为珍品。北极狐狐种价格要比其他狐种价格高出 30% ~50%。因此，北极狐自然成了人们竞相猎捕的目标。

**北极狐**

北极狐是一种迁徙性动物，平均一天能行进数百千米，可连续行进数天。能够在数月时间内从太平洋沿岸迁徙到大西洋沿岸，行程同加拿大的东西距离接近。通常它们会在冬季离开巢穴，迁徙到 600 千米外的地方，在第二年夏天再返回家园。

北极狐喜欢结群活动，在岸边向阳的山坡下掘穴居住。爱吃狍子、松鼠、兔子、野鸡，也喜食昆虫与野果。它们在树洞或石穴里筑巢而居，听觉非常灵敏，一听到异样声音，便发出"吱吱"的刺耳噪叫，连狼和豹子听了这种叫声也会落魄而逃。它的这种绝招，是其自卫和进攻的武器。

它还有一种特殊的性格，就是疑心很重，当咬死猎物后，并不马上开餐，而是先隐蔽起来，观察周围是否有狼和豹子埋伏，如果附近平安无事，它才把猎物叼走，如发现猛兽，则放弃猎物马上逃走，以保护自己生命安全。

每年 2~5 月份是北极狐的发情期。当发情开始时，雌北极狐头向上扬起，坐着鸣叫，这是在呼唤雄北极狐。雄性在发情时，也是鸣叫，比雌性叫得更频繁、更性急些，最后用独特的声调结尾，有些类似猫打架的叫声，也有些像松鸡的声音。

北极狐的怀孕期为 51~52 天，每窝一般 8~10 个，最高记录是 16 个，刚出生的幼狐尚未睁开眼睛，这时母狐会专心致志地给它们喂奶。16～18天，小狐便开始睁眼看世界了。经两个月的哺乳期后，雌狐便开始从野外捕来旅鼠、田鼠等喂养小狐狸，每当母狐叼着猎物回来，轻柔的一声呼唤，小狐狸们便争先恐后地冲出洞穴，欢迎母亲，同时分享猎物。约10个月的时间，小狐狸们便开始达到性成熟，随后开始成家立业，过着一种新的生活。

→ 知识点

## 狍子

狍子又称矮鹿、野羊，属偶蹄目鹿科，草食动物。狍身草黄色，尾根下有白毛，雄狍有角，雌无角。狍是经济价值比较高的兽类之一，狍肉肉质纯瘦，全身无肥膘，营养丰富、细嫩鲜美，是瘦肉之王。肝、肾等均可食，有温暖脾胃、强心润肺、利湿、壮阳及延年益寿之功能。其皮加工后是有名的狍皮"绸"，非常珍贵，是制裘衣的上档原料。在中国东北、西北和内蒙古某些地区（如鄂伦春族人），狍肉是他们的肉类主要来源。狍子毛皮可做垫褥，有防潮作用。夏皮缺少绒毛，被称为"沙皮"，加工后，可制成春秋季穿的衣服，这是东北林区工作者所欢迎的衣服。如果把毛全剃光，剩下的皮板可用来做夏天衣服。冬皮绒毛多，适于制成御寒的皮衣。此外，狍皮还可以制作多种皮制品，如皮靴、皮帽、皮包等。

延伸阅读

## 北极燕鸥

北极燕鸥是飞禽中的长跑健将。它的个子并不很大，体重也不很重，双翼展开只有一米多一点儿。除了脖子和脚是红色外，全身银灰色。它们每年都要从地球的一端，飞到地球的另一端，然后又飞回来，一年中要做大约四万多千米的长途飞行。它们在北极的夏天里筑巢、生蛋、孵雏，冬天快来的时候就离开北极，沿着欧洲、非洲海岸，直飞南极，到南极度过南半球的夏

天。当南极夏天快要结束的时候，又集体飞回北极。这种鸟儿一年里要有 8 个月的时间在旅途中度过。有人对这种鸟的飞行做过观察，发现它们除了觅食以外，几乎从不降落，所采取的飞行路线总是沿着正南正北的方向，相当的直，而且每年的路线相对不变。

为什么北极燕鸥采取这种异常的生活方式呢？一种假说认为，原来北极燕鸥的祖先是一种在冰川边缘一带生活的鸟类。它随着季节性的冰川的进退不断地转移自己的居住地点。天长日久，就形成了一个不可改变的生活习惯。冰和太阳，成了它生活中不可缺少的条件，而这个条件只有在南北极的夏季才能找到。

## 北极旅鼠的"死亡大迁移"

北极旅鼠是一种极普通、可爱的小动物，常年居住在北极，体形椭圆，四肢短小，比普通老鼠要小一些，最大可长到 15 厘米，尾巴粗短，耳朵很小，两眼闪着胆怯的光芒，但当被逼得走投无路时，它也会勃然大怒，奋力反击。因纽特人称其为来自天空的动物，而斯堪的纳维亚的农民则直接称之为"天鼠"。这是因为，在特定的年头，它们的数量会大增，就像是天兵天将，突然而至似的。

其实，不起眼的小旅鼠，是一种繁殖能力极强的哺乳动物。每年 3 月，当北极狐还在为求偶而发出嘶哑的尖叫声时，旅鼠早已产下了第一窝幼仔，并在雪中开始为新生子女的抚养奔波了。一只雌旅鼠一年可以产 6～7 窝幼鼠，每窝有 9～20 只；幼仔出生后 30 天便可进行交配（最高纪录是出生后 14 天就可交配），经过 20 天的妊娠期，就可以产下一窝小旅鼠。如此高的繁殖率，使得一只雌鼠一年竟然可以产下成千上万只的后代。

旅鼠不仅数量多，而且食量也惊人。一只旅鼠一顿可以吃相当于自身重量两倍的食物，而且食性非常广，草根、草茎和苔藓之类，几乎所有的北极植物都属于它的食谱范围之内。有人计算出，一只旅鼠一年可以吃掉 45 千克的食物，所以又有人将它们称为"肥胖忙碌的收割机"。

大量的繁殖会导致旅鼠的数量在特定的年份急剧增加，达到一定程度后，奇异的现象就会发生了：几乎所有的旅鼠突然变得焦躁不安起来。它们东奔西走，东跑西颠，吵吵嚷嚷，永无休止，并停止了进食，好像要大难临头一般！而且它们还一改往日的胆小怕事，面对天敌也无所畏惧，甚至还主动进攻。更不可思议的是，它的毛色也发生了明显的变化，由昔日的利于隐蔽的灰黑色变成了目标明显的橘红，目的是为了吸引天敌的注意，从而吃掉更多的旅鼠。

当然最为有趣的现象也就是"死亡大迁移"：它们先是到处乱窜，接着，就好像由谁发出了一声命令一般，开始了日夜兼程的向着海边狂奔。一批接着一批旅鼠从海边向海中游去，它们全都是不假思索地向前游着……直到精疲力竭，体力用尽为止，然后便溺死在海中。可这丝毫不会影响紧随其后的旅鼠奋不顾身地继续前进。整个过程结束之后，海上漂浮着数以万计的被溺死的旅鼠尸体。

北极旅鼠

也许有人会问："既然它们是集体自杀，而且是这么大规模的行动，那么为什么几年之后，又会有成片的旅鼠出现呢？"原来，旅鼠绝不是我们经常形容的"鼠目寸光"之辈，它们在进行这种死亡大迁移之时，总会留下少数的同类呆在家中。这样，旅鼠不会因为进行大规模的集体自杀而绝种。到了第二年，也就是平常年份，旅鼠只进行少量繁殖，使它们的数量只是稍有增加，甚至保持不变。只有到了丰年，也就是气候适宜和食物充足时，它们才开始大量繁殖，所以，旅鼠的数量波动有一定的周期性。一般每隔3～4年，旅鼠数量会剧增，但仅仅持续一年的时间就开始下降。

关于旅鼠集体自杀的原因，科学家们的说法至今仍是众说纷纭。有的人认为：集体自杀可能和它们的高度繁殖能力有关，因为旅鼠喜好独居，当它们的数量猛烈增高，密度加大，它们就开始变得异常兴奋和烦躁不安，并十分喜好争吵和打架闹事。这似乎很好理解，由于繁殖力过强，旅鼠得不到充足的食物和生存空间，只好奔走他乡。

但是有一个有趣的现象是，旅鼠的分布很广，除了北欧以外，美洲的西北部，俄罗斯的南部草原，一直到蒙古一带都有分布。但为什么只有挪威的北极旅鼠有集体跳海自杀的行为呢？有人这样解释：在数万年以前，挪威海和北海比现在可要窄的多，那时，当旅鼠打算奔走他乡时，游到大洋彼岸是完全可能的。可如今的挪威海，由于历史上的地壳运动，它已经是今非昔比，比过去宽了很多，但旅鼠的这种集体过海的特性已经世世代代地保留了下来，也就是说它们并不知道海水已加宽，只知道保持祖祖辈辈的传统，直至溺死也不清楚回头是岸，当然，这种说法仍有很多严重的不足。

又有人对上述推测提出了这样的疑问：如果旅鼠是因为食物和生存空间受到限制，那么，为什么它们在大迁移的过程中，即使遇到食物丰盛、地域宽广的地方也仍然不停留呢？于是，前苏联的科学家提出这样的假想，他们认为，许多年以前，地球正处于十分寒冷的时期，北冰洋的洋面上，冻结着厚厚的冰层。风和飞鸟将大量的沙土和植物的种子带到了这里，使得每年的夏季都会草木青青，旅鼠是完全可以生活在这里的。所以，旅鼠数量大增后，向北迁移是可能的。可是到了后来，气候发生了变化，原来的冰块消失，而如今跳入巴伦支海的旅鼠正是习惯性地去寻找昔日的美好家园！当然这种观点也并没有十足的说服力。

总之，关于旅鼠为什么会集体自杀的看法是多种多样的，至今没有一个能被普遍接受的解释，仍需要人们的进一步探索与解密。

### 知识点

#### 挪威海

挪威海是北冰洋的边缘海。位于斯瓦尔巴群岛、冰岛和斯堪的纳维亚半岛之间。西边与冰岛海连接，东北方与巴伦支海相邻。在西南方，冰岛与法罗群岛之间的海底山脊把大西洋外海与挪威海分开。至于北面，扬马延海底山脊成为挪威海与北冰洋之间的界线。平均深度1 742米，最大水深4 487米，面积138万平方千米。有北大西洋暖流经过，冬季一般不封冻，是北冰洋中唯一能全年通航的海。挪威海海产资源丰富，盛产鳕、鲱、白鲑等，为世界著名的渔场。沿岸主要港口有挪威的特隆赫姆、纳尔维克等。

**延伸阅读**

### 狼　獾

狼獾主要生活在北极边缘及亚北极地区的丛林之中，由于它像狼一样的残忍，又有獾一样的体形，因此而得名。实际上，狼獾属于鼬鼠家族，而且是该家族中最大的动物，身长可达1米，重达25千克，体毛以棕色为主。

脾气暴躁的狼獾私有观念非常强烈。狼獾从它们的尾部的香腺中分泌出类似麝香的液体，以此来标明自己的领地。在自己的家园里，狼獾会赶走自己的同类，而且对于不属于同类的动物，更是毫不客气，不管入侵者个头多大，它们都不放在眼里。

狼獾皮即使在极低的气温下，遇到从口、鼻中呼出的哈气也不会结冰，照常可以保持柔软干燥，这样就可防止脸部冻伤的发生。因纽特人深知这一特性，把狼獾的毛皮视为宝物，因为如果脸周围的皮毛结起冰来，就会很容易把脸部冻伤，这对在户外活动的人是非常严重的伤害。

## 雪橇的动力——爱斯基摩犬

爱斯基摩犬因因纽特人（历史上曾称为爱斯基摩人）的饲养而得名，它身披长而密的茸毛，胸宽颈粗，腿脚多肉，身高70厘米左右，身长约1米，体重通常在40千克以下。毛针很粗，下面另有一层一寸多厚的软毛，使他们能忍受零下几十摄氏度的严寒。不畏风雪，不惧严寒，是爱斯基摩犬特有的生活习性。在零下50摄氏度的环境里，它们照样繁衍生息，有着顽强的生命力。虽然铺天盖地的大雪有时也会阻碍它们的活动，使之深陷雪中，然而此时，它们又往往会以逸待劳，只要能露出头，便可酣睡起来。

据考察，在3 000年前爱斯基摩犬是狼的一个支族。也许就因为有这么一点血缘关系，爱斯基摩犬即使在"饥不择食"之时，也决不吃狼肉，有时还和狼交配。但奇怪的是，交配后的雄犬回到犬群会被同伴咬死，而雌犬却若无其事，安然无恙。

拉雪橇的爱斯基摩犬，被认为是世界上最能吃苦耐劳的动物。它们的挽重能力颇为惊人，一只成年犬可拖动几十千克重的雪橇，一个8只到12只的

犬队可拖动载重500千克的雪橇，并以每小时十多千米的速度，在雪地里连续奔驰10几个小时而不困倦。尤其值得一提的是，爱斯基摩犬的特制"皮靴"——它的厚实的脚掌，奔走在可以刺破马蹄的尖石破冰上，如履平地。

在南极探险史上有过这样悲壮的一页。1911年至1913年，英国皇家海军上校斯科特在率领支援队伍到南极去时，他不相信用狗可以拖拉雪橇到达南极而改用西伯利亚的矮种马来拖拉雪橇。他甚至坚持认为这种矮种马能从前进基地到南极约1930千米的往返路程中拉着雪橇走。但是斯科特没有料到，这些西伯利亚矮种马耐不住极地的寒冷，很快就全部死去。斯科特及其四位伙伴经过一番挣扎之后走到了南极，但发现阿蒙森利用爱斯基摩犬拖拉雪橇已先于他们一个月到达了南极。在斯科特及其伙伴从南极折回时，由于没有爱斯基摩犬的帮助，其中一人在一次摔跤之后不久死去；另一人由于受冻伤太重无法行动而自杀——自己走入暴风雪中冻死；斯科特及另两名伙伴，则因困于风暴而冻死在他们的帐篷中。由此可见，爱斯基摩犬对于生活在冰天雪地的人是何等重要。

生活在北极圈内的因纽特人几乎一天也离不开他们的狗。他们的生活全靠狗队的忠诚与能力，假如没有爱斯基摩犬，北方寒带出产的丰富的毛皮和矿物资源就无法开发。直到现在，在冰天雪地、偏僻遥远地区的医生、传教士甚至加拿大骑士警察的活动还是要依赖这种健壮的动物。因此，爱斯基摩犬被称为开发北方寒带地区的功臣。

因纽特的男人一生最大的愿望不是致富而是成为好猎人。爱斯基摩犬则是因纽特猎人的得力助手。当拉雪橇的狗群嗅到北极熊的气味时，驾橇的因纽特人便割断挽绳，让狗群疾驰前去追赶，这些狗猛咬北极熊的腰部，这样的对峙可拖住北极熊，让猎手及时赶到，以便射杀。

爱斯基摩犬吃食时十分凶猛。出外旅行时，犬群吃食原则上是一天一次。吃食之时，也就是全体大决战之时。它们吃的是海豹内脏，或是冻成冰的海象肉块。每当主人剁肉时，犬群之间的搏斗就开始了；肉块一剁完，犬群停止了打斗，向肉块展开突袭，它们像波浪般地冲过去。大家进行竞赛，争取以最快的速度把最多的肉块吞下去。紧张的几分钟之后，海象肉全部不见了。它们吃东西虽然很凶猛，但它们对主人极为忠诚。它们每小时可奔跑10千米而不感疲劳，尽管严寒的北风会冻坏它们的脸或肺，半融的冰雪会冻坏它们的腿。

爱斯基摩犬拉雪橇时，通常都列成扇状队形；每只犬系着不到2米长的

爱斯基摩犬拉雪橇

海象皮或海豹皮的缰绳。两只一组，并肩而行。有趣的是，另有一只犬却像"监工"似地前后跑动，不停地东嗅西闻，左试右探，有时发现有偷懒的伙伴，就会在它的腿部咬上一口，这大概是一种督促和惩戒吧！这只犬被称为"领队"，它负责探路选道，察看督行，有时风雪弥漫，迷失了方向，它会把犬队安全地带回基地。犬领队一般由雌犬担任，它忠于职守，沉着谨慎，勤劳刻苦，勇敢敏锐。在犬队中，有时还会特意安排一两只小犬"混迹"其间。不过，这当然不是滥竽充数，而是在培训接班犬。经过学习和选拔，8个月的小犬即可肩负重任，拖拉雪橇了。

因纽特人很难离开他们的犬队，他们也喜欢、爱护他们的犬。甚至不惜冒着生命危险去救助处于危险中的犬。很多因纽特人在薄冰破裂、雪橇陷落水中时，因要抢救犬群而丧失自己的性命。

知识点

## 北极圈

北极圈是指纬度数值为北纬66°34′的一个假想圈，是北寒带与北温带的分界线，与黄赤北极圈（北回归线所在的纬度数值）交角互余。

北极圈以北的地区被称为"北极圈内"。通常，北极圈内的地区被叫做北极地区，由北冰洋以及周边陆地组成，其陆地部分包括了格陵兰、北欧三国、俄罗斯北部、美国阿拉斯加北部以及加拿大北部。北极圈内岛屿很多，最大的是格陵兰岛。由于严寒，北极圈以内的生物种类很少。植物以地衣、苔藓为主，动物有北极熊、海豹、鲸等。北极圈也是极昼和极夜现象开始出现的界线，北极圈以北的地区在夏天会出现极昼，而在冬天会出现极夜。

## 延伸阅读

### 北极狼

北极狼又称白狼，是灰狼的亚种，也是世界上最大的野生犬科家族成员。分布于欧亚大陆北部、加拿大北部和格陵兰北部。这些地方的气温常常在零下几十摄氏度，然而北极狼却可以行动自如。

为了能够确保战胜猎物，机智的北极狼绝不逞强，它们不会单枪匹马地去作战，而是依靠团队的力量取得胜利。北极狼和北极熊的个头相比，显得身单力薄不是对手，但它们时常依靠团体的力量在北极熊那里抢得食物，连健壮的麝牛碰到北极狼也要避让三分。在和麝牛较量时，北极狼成群地转成圈，将麝牛困在里面，麝牛失去外援，最终成为北极狼的美食。

通常北极狼只吃一些小老鼠、小松鼠之类的啮齿类小动物。当这些食物不够充饥时，它们也全家出动，去围猎像驯鹿那样较大的动物。不过它们只捕食即将被大自然淘汰的老残病兽，并不像人们所想像的那么嗜杀成性、残忍狠毒。可以说，由于北极狼的善良，它们客观地维护着自然界不可缺少的生态平衡，保证了驯鹿"强者生存"的自然选择。

## 世界上最大的哺乳动物——鲸

鲸，我们一般还称为"鲸鱼"，但实际上，鲸并不是鱼，而是一种特殊的哺乳动物。据科学家们考证，鲸的祖先曾是一种在陆地上生活的哺乳动物，后来才下海适应了海里的生活，演变为今天的鲸。鲸与鱼的区别是很大的，首先，它们根本就不是一个种类，鲸属于胎生的哺乳动物，而鱼属于卵生的；其次，鱼用鳃呼吸，而鲸则用肺呼吸，等等。

鲸经过长期的演变后，变成了现在这样的纺锤形的体形；曾经在陆上行走的前肢变成了现在的一对胸鳍，长在胸前两侧；后肢退化后两只长在一起，形成了扁平状的尾鳍，在水中前进时用以保持身体平衡，并像船舵一样掌握前进的方向，当它在水面浮游时，其胸鳍伸出水面，就好像两只巨大的桨；它的两只鼻孔朝天，并向后移到头顶的位置，以便漂浮到水面时进行呼吸。

与地球上的所有动物相比，鲸可算得上首屈一指的庞然大物了。其中最大的蓝鲸和格陵兰鲸，长度超过 30 米，重量达到 150 吨，相当于 30 头印度象或 200 ~ 300 头公牛的重量。如果捕到一头蓝鲸，要想把它拖到加工船上，就必须使用电动卷扬机，如果在陆地上想将整条鲸鱼进行转移运输，那简直是不太可能的，只能

格陵兰鲸

分割成块分批运输，而且一次就得动用 50 辆载重量 3 吨的卡车。从一条蓝鲸身上，可以得到 30 ~ 40 吨脂肪，大约相当于 1 700 头肥猪的脂肪量；鲸的一条舌头即重达 3 吨；肝脏和肾脏各重一吨；肢解后每段脊椎骨都有 120 ~ 150 千克；它的两肺重达 1.5 吨；肠子长达 300 ~ 400 米；动脉血管粗得像地下水管道，一条鲸鱼的血液即重达 10 吨。

在南冰洋上生活的鲸类，科学家们把它们分为两大类，一类为齿鲸，包括抹香鲸、逆戟鲸等，齿鲸的嘴里长着一排排锋利的牙齿，捕食乌贼、鱼以及其他软体动物，甚至捕食鲨鱼、海豹及缺乏自卫能力的须鲸；另一类鲸也就是须鲸，包括蓝鲸、鲱鲸、驼背鲸、座头鲸、长须鲸、鳁鲸、黑板鲸和缟臂鲸等，它们的嘴里没有牙齿，而是由几百片骨质的东西组成的毛刷状构造，

这是它们捕食海洋细小动物的理想的过滤器，它们性情温和，都以捕食磷虾等细小海洋生物为生。

如前所述，蓝鲸最为庞大，平均长度可达24米，体重达150砘；鲱鲸仅次于蓝鲸，平均长度为21米，体重为50多吨；抹香鲸是齿鲸类中最大的，一般长10~20米，最长可达25米，体重一般15~25吨，最重可达60吨。在北极地区的海域中，主要生活着须鲸类的格陵兰鲸、鳁鲸、鲱鲸、灰鲸和露脊鲸等；还有齿鲸类的逆戟鲸等种类。

逆戟鲸

格陵兰鲸的大小与蓝鲸差不多，长可达20~22米，体重可达150吨。格陵兰鲸能适应北极地区冰天雪地里的生活环境，所以，它有一个别名，叫极地鲸。

由于人类的大量捕杀，现在鲸的数量已比过去大为减少。现在，70%左右的鲸集中在南极洲附近的海域，其他30%分散在北冰洋、太平洋和大西洋北部及南美洲、非洲和大洋洲附近海域。

鲸鱼的寿命一般来说是很长的，在正常情况下，一条鲸鱼可活40~50年，甚至有的鲸鱼可活到100岁。但鲸的繁殖速度是很慢的，一般每年才繁殖一次，有的两三年才繁殖一次，孕期一般10~12个月左右，抹香鲸的孕期更长达16个月之久，而且它们的繁殖率也不高，每胎仅产一仔。

幼鲸刚出生时即能游泳，通常游在母鲸的身边，母鲸对幼仔十分抚爱，一遇危险就用自己的身躯来保护幼仔。刚出生的小鲸就很肥壮，长3~4米，皮下脂肪厚达 15 厘米；很快便长到 6～7 米长，5～6 吨重，一昼夜的工夫便能增长 60～100 千克体重。幼鲸是靠"母亲"的乳汁哺育而长大的，一条幼鲸每天大约需要吸取 250～300 千克的乳汁，而且这种乳汁的浓度很高，所含的脂肪率高达 50% 左右，比鲜牛奶的含脂肪率还高 10 倍。鲸类的食量很大，每昼夜就要吞食 1 吨的鱼虾，以维持庞大身躯的新陈代谢。在哺乳期间，母鲸的消耗量很大，需要大量的食物来补充，所以，母鲸一昼夜至少要吞食 5 吨鱼虾。鲸类哺乳的方式与其他动物相似，母鲸侧游时露出乳房，幼鲸把嘴紧靠在母鲸的乳房处，并伸出长长的舌头卷成管状裹住乳头，母鲸收缩乳房肌肉，便将乳汁射入幼鲸口中，这样，也不至于使乳汁散失在海水中。幼鲸的哺乳期一般为 5～8 个月。

科学家们发现，鲸类属于一种迁徙动物，即使是能适应于极地冰海环境生活的格陵兰鲸也不例外。每到秋天，极地海域开始冰封的时候，它们便游向低纬度温暖的海域，而春天时，冰消雪融，它们又游回到极地的海域。这种长途迁徙的里程，长达几千千米，甚至超过 10 000 千米，而且具有一定的路线，科学家们称这种迁徙叫"洄游"。当两极暖季来临时，气温升高，封冻的海面解冻，浮游生物及鱼虾大量繁殖，鲸类所需的食物非常丰富，所以，鲸鱼游向极地海域，进行索饵洄游；但到了秋季，极地暖季结束，寒季将至，气温逐渐下降，海面开始封冻，浮游生物大量死亡，饵料骤减，环境恶化，这时，鲸类又成群结队地游向低纬度的温暖海域，特别是怀孕的母鲸，对两极的季节变化更加敏感，刚一感到寒冷的气息，便急于北上（南半球）或南下（北半球），进行生殖洄游，在低纬度温暖的海域里去培养新的一代，这样，不致使刚出生的幼鲸受到两极严寒气候的伤害。

鲸鱼擅长游泳，常常远距离迁徙数千千米，但一般游速并不快，每小时只有 8～10 千米，只有在发现危险或受到伤害时，游速才提高一倍，达到每小时 16～20 千米。鲸鱼一般在水下游泳 10～20 分钟后，就要浮出水面呼吸 1～3 分钟，以呼出肺内的废气，重新吸入新鲜空气。鲸鱼的肺活量很大，可一次吸入 15 000 升左右的空气，所以，当它受伤或极度受惊时，可潜入水底一次达 1 小时左右。鲸鱼也经常在海面追逐嬉戏，甚至跃出水面，将庞大的身躯完全暴露在空中。有时，海员们还能偶尔看到鲸鱼沉睡海面的情景，甚至小舢板或大船都能接近它的身躯。

在大洋上航行的捕鲸者们经常可以看到，在远远的地平线上，突然一股白色的水柱冲天而起，他们便高兴地呼喊起来："地平线上的喷泉！"他们为

何如此高兴？因为他们发现了猎物——鲸，意味着这一海上庞然大物将变成一桶桶鲸油和财富。

那么，鲸鱼为什么能喷出这种喷泉呢？

如前所述，鲸是用肺呼吸的，它在肺中吸满空气，最长也只能在水下呆半个小时到一个小时，一般15分钟左右就要浮到水面换一次气。鲸的鼻孔朝上，每当浮到水面换气时，便打开呼吸孔，将一股废气猛烈地射出，并连同呼吸孔上面一层浅水一起冲向空中，于是形成了"地平线上的喷泉"。

喷泉的形状和大小，便是各种鲸鱼的特殊标志。抹香鲸只用左鼻孔呼吸，所以，它的喷泉朝左前方，与头顶成45°的倾角，高度3～4米，散开成云团状；蓝鲸的喷泉强劲有力，垂直向上，高达12～15米，水柱顶部微微分散成水花，十分美丽壮观；格陵兰鲸喷起的水柱高4～6米，降落时状如圆帽，它那双层的喷泉和水柱呈"Y"形四下散开；长须鲸的喷泉细而高，有8～10米高；座头鲸的喷泉高而乱，高达6米。

可见，"地平线上的喷泉"是鲸类正常的呼吸现象，这种喷泉是鲸鱼的"生命之泉"。但可悲的是，这种生命之泉却常常成了鲸鱼惨遭捕杀的"死亡信号"。这种喷出的高大的水柱，常常使捕鲸者远远就能发现它们，接着，它们便成了鲸炮（捕鲸的武器）射击的对象，最终在捕鲸者手下被碎尸万段。

人们很早就注意到，鲸鱼还具有音乐天赋。美国科学家罗杰·佩恩和他的夫人凯蒂·佩恩经过20年的潜心研究，证实了鲸不仅能唱歌，而且能作曲。科学家们通过近距离观察、窃听器窃听，直接记录了大量鲸在水中发出的声音，最后用电子计算机加以分析比较，发现鲸歌是一种很有节奏、很有规律的美妙动听的歌曲。每首鲸歌都出现6个顺序相同的主旋律，每个乐句有2～5个音。鲸鱼所唱之歌隔年更新，逐年演变，当鲸群通过长途迁徙回到原地之后，首先唱去年的旧歌，然后逐渐更新。新谱之曲，不论增添了什么新的乐章和乐句，各地的鲸虽相隔遥远，但都能跟唱而不走调。鲸类所具有的这种奇特的储存记忆和智慧反应能力，引起了科学家们的极大兴趣。

鲸的一身都是宝，具有很高的经济价值。在过去捕鲸者的眼里，鲸简直就是一座供食用的"活的肉山和油山"，捕获一条鲸鱼往往可以供北冰洋沿岸的一个因纽特人村庄食用、取暖整整一年，他们还利用鲸的骨片、鲸须、鲸皮等等来盖房子、织渔网、缝制皮筏、衣服。随着科学技术的发展，鲸的利用价值也就越来越高。鲸的巨大的躯体可为人们提供大量的鲸肉和鲸油，鲸肉经加工之后可以吃，而且味道胜似牛肉，富含蛋白质，营养价值高，是世界上的美味食品之一；鲸油可以炼制成人造牛油，可作为黄油的代用品食用，而且其在工业上的用处也很大，可用其合成硝化甘油，制造化妆品、肥皂、蜡烛等，由于鲸油在高温下黏度不变，所以，还是精密仪器和机械的高级润滑油；鲸皮质地柔软，表面有绒毛，皮面带花纹，是服装和皮革工业的好原料；鲸鳍、鲸须、鲸齿可以制作医疗器械、日用品和手工艺品；鲸骨可提取骨胶和做肥料；鲸肝可炼制鱼肝油，其中所含的维生素 A 和 D 非常丰富，如一条抹香鲸的肝往往重达 400 千克，其中维生素 A 的含量与 100 吨优质奶油或 500 万个鸡蛋的含量相当。

**知识点**

### 卵 生

卵生是动物受精卵在母体外孵化发育成为新个体的一种生殖方式。动物的受精卵在母体外独立发育的过程叫卵生。卵生的特点是在胚胎发育中，全靠卵自身所含的卵黄作为营养。卵生在动物中很普遍。卵生动物把卵或受精卵排出体外，或掩埋在土砂中（如蝗虫、龟、某些蛇类等），或留树皮空隙中（如蝉），或水域中（如鱼、蛙等），然后靠太阳的辐射热发育孵化成幼虫或幼体。

**延伸阅读**

### 龙涎香

中国是最早发现龙涎香的国家，汉代渔民在海里捞到一些灰白色清香四溢的蜡状漂流物，从几千克到几十千克不等，有一股强烈的腥臭味，但干燥后却能发出持久的香气，点燃时更是香味四溢。当时人们认为这是海里的"龙"在睡觉时流出的口水，滴到海水中凝固起来，经过天长日久，便成了"龙涎香"。

随着时代的进步，龙涎香之谜被解开了，它其实是抹香鲸的排泄物。原来，大乌贼和章鱼口中有坚韧的角质颚和舌齿，很不容易消化，当抹香鲸吞

食大型软体动物后，颚和舌齿在胃肠内积聚，刺激了肠道，肠道就分泌出一种特殊的蜡状物，将食物的残核包起来，慢慢地就形成了龙涎香。排入海中的龙涎香起初为浅黑色，在海水的作用下，渐渐地变为灰色、浅灰色，最后成为白色。白色的龙涎香品质最好，它要经过百年以上海水的浸泡，将杂质全漂出来，才能成为龙涎香中的上品。

自古以来，龙涎香就作为高级的香料使用，香料公司将收购来的龙涎香分级后，磨成极细的粉末，溶解在乙醇中，再配成5%浓度的龙涎香溶液，用于配制香水，或作为定香剂使用。所以，龙涎香的价格昂贵，堪比黄金。

## 水族馆明星——海狮

海狮是一种海洋鳍脚类动物，产于北美加利福尼亚州沿岸以及北太平洋、北冰洋、南冰洋、南美、澳大利亚和新西兰等地。

海狮体型细长呈纺锤形，颈部较长，有小的耳壳。前肢长于后肢，呈桨状。后肢较发达，能向前弯曲，使它既能在陆地上灵活地行走，又能像狗一样蹲在地上。这一点跟海豹不同，海豹的后肢只能向后伸，只能前弯曲，所以不能在陆地上行走。由于有些种类的海狮脖子上长满了鬃状的长毛很像狮子，再加上它们的吼声也像狮子，所以把它们叫做海狮。海狮的雌雄个体大小相差悬殊，如加州海狮雄的体长2.1～2.4米，重300～350千克，雌的体长不过1.8米，重不过100千克。

海狮有一个特点就是嘴部长满了触须，很像人类的胡子。海狮的胡子特别发达，胡子根部的神经非常复杂，不仅可以通过触摸进行感觉，还可以接受声音，具有声音感受器的作用。海狮有着类似海豚一样的回声定位系统，它也能向周围发射声信号，并灵敏地收集返回来的声

海狮

波。有趣的是，这些返回波就是靠胡子监听的。

海狮的智商很高，是水族馆中的明星。对小海狮进行训练后，它们可以做难度很大的顶球表演，它们可以像杂技演员一样用鼻尖接住飞来的皮球，好像鼻子有吸力一样。实际上。做好这个动作并不容易，就拿人来说，假如，没有经过训练，用一只手接篮球，不可能稳妥无误。海狮聪明，记忆力也很强，学会了的本事，很长一段时间忘不了。有些国家的海军利用海狮的聪明将它们驯养成海洋工作或军事活动上的得力助手。

海狮是水陆两栖动物，它们在陆地上交配、产仔和育儿。不管它们在哪个海区生活，到了生殖季节，都要返回到出生地去，甚至不惜远涉千里。海狮属于多配偶动物。繁殖季节一开始，身强力壮的雄海狮首先赶到繁殖场，在海岸上选好地方，划好自己的地界，等待着雌海狮的到来。

一周后，雌海狮陆续上陆了，这些雌海狮都是大腹便便的，怀着前一年交配后的胎儿。雌海狮上陆后就进入了雄海狮们占好了的地盘，一般 10～20 头雌海狮和一头雄海狮生活在一起，组成一个临时大家庭。生物学家把这种"大家庭"叫做生殖群或多雌群。通常情况下，雄海狮越是雄壮，它的家庭成员就越多。

雌海狮上岸不几天就产下小海狮。产后的雌海狮还没休息几天，雄海狮就又向它们求爱了。在一个生殖季节里，一头雌海狮会交配 1～3 次，一旦受孕成功就自动退出生殖群，后上来的雌海狮补充它们的位置。生殖季节里，雄海狮一旦上岸就不再下海，不吃也不喝地完成交配任务。一头雄海狮每天交配 30 多次，每次持续 15 分钟左右。它们完全靠体内积存的脂肪来维持其巨大的消耗。

由于一头雄海狮占领了很多头雌海狮，在繁殖场上就会出现一些无家可归的雄海狮，这些流浪汉气急败坏地在生殖群外徘徊，经常趁着当家的雄海狮不注意，去勾引雌海狮。一旦被发现，打斗就不可避免地发生了。打斗的结果是：身强力壮的雄海狮拥有交配雌海狮的机会和权力，它们强壮的遗传基因得以传递给后代，有利于种族的进化，保证海狮的后代一代比一代更强。生殖期结束后，雄海狮们已经有些力不从心了，它们不得不遣散雌海狮群，然后纷纷跳下海各奔东西。此后，它们天各一方，难得相遇。为了使种族繁衍下去，它们又在来年的生殖季节集中上岸，集中交配。

雌海狮产仔很容易，整个过程仅用 10 分钟左右，很少见到难产现象。一般情况下一胎只生一个仔。初生的小海狮只有 5 千克左右，它们披着保暖很

好的密厚的绒毛，刚一生下来就能睁眼，能爬动。它们跟雌海狮呆在一起，雌海狮想换地方的时候，就像老猫衔小猫一样，用口叼着把小海狮带走。海狮的乳汁很浓，脂肪含量高达52%，是牛奶的4～5倍，所以海狮哺乳次数很少，两天甚至一周才哺乳一次。尽管如此，小海狮们还是很快就感到饿了。

雌海狮产下小海狮后第5周就要下海捕鱼了，此后每2～3天，甚至10天才回来一次。可是，它们怎么才能在熙熙攘攘的海狮群中找到自己的孩子呢？研究发现，雌海狮上岸后先是发出高声连叫，小海狮听到母亲的声音立即高声答应，并急切地朝着母亲叫唤的地方爬动，而母亲也赶紧地向小海狮迎过去。显然，雌海狮和自己的小海狮的声音彼此非常熟悉，尽管繁殖场上狮声鼎沸，它们在相距很远的地方也能相互分辨得出来。当母子靠近以后，它们就互相嗅对方的气味，待确认无疑后，就开始喂奶了。

雌海狮对自己的小海狮关怀备至，但对其他的小海狮则缺乏同情心。如果小海狮饿急了还是等不到自己的母亲，就会向其他的雌海狮要奶吃，但别的雌海狮是绝不会喂养不是自己生的幼仔，反而会气势汹汹地将它赶跑。假如这时小海狮不赶紧逃的话，雌海狮就会用牙齿把它叼起来，向远处扔。这种情况如果被疼爱小海狮的雌海狮看到了，肯定少不了一场打斗。平时两头雌海狮打架也常拿对方的孩子出气。它们会寻机将对手的孩子推下山崖，这时吵架马上就停止了，雌海狮得赶紧去找自己的孩子，找到后会对它百般安抚，并多给它喂一次奶。

繁殖期结束后，胖鼓鼓的小海狮们换上了新毛就跟着母亲一起下海了。小海狮需要3～5年的时间才能性成熟，这期间它们大部分时间将在海上渡过，性成熟后才会加入到生殖群中。海狮的寿命大约30岁。

各种海狮当中，身体较大的当数北方海狮，雄的体长可达3～4米，重1吨；雌的小一些，长3米，重300千克。北方海狮的数量不少，洄游范围广，有时在我国北部海区也能看得到。还有一种体型较小的，叫"加利福尼亚海狮"，在动物园和水族馆里表演的多数是加利福尼亚海狮，这种海狮多分布于墨西哥、美国、加拿大的沿太平洋海岸。海狮主要捕食鱼类和乌贼，饭量非常大，在水族馆中，一头成年的雄海狮一天可吃掉40千克鱼。在自然条件下，由于它们不停地游动，能量消耗很大，饭量当然要增加，估计每天捕食量是在水族馆中的2～3倍。当它们在水中遇到渔民的定置网具时，就像一伙打家劫舍的土匪，闯进网内大吃一通，不仅把鱼吃得干干净净，还要将网具给扯得七零八落，所以渔民对它们深恶痛绝。因为海狮吃的都是鲱、鲭、鳕

正在表演的海狮

鱼等重要的经济鱼类，如果北太平样中有 20 万头北方海狮，每天就要吃掉 600 万千克鱼，这个数量相当可观。

知识点

## 鳕 鱼

鳕鱼属冷水性底层鱼类，又名鳘鱼，是主要食用鱼类之一。鳕鱼原产于从北欧至加拿大及美国东部的北大西洋寒冷水域。目前鳕鱼主要出产国是加拿大、冰岛、挪威及俄罗斯，日本产地主要在北海道。鳕鱼是全世界年捕捞量最大的鱼类之一，具有重要的经济价值。

鳕鱼每百克肉含蛋白质 16.5 克、脂肪 0.4 克。其肉质白细鲜嫩、清口不腻，世界上不少国家把鳕鱼作为主要食用鱼类。除鲜食外，还加工成各种水产食品，此外鳕鱼肝大而且含油量高，富含维生素 A 和 D，是提取鱼肝油的原料。以鳕鱼为原料，运用现代生物工程技术和酶工程技术提取的小分子肽，富含可溶性钙，具有极高的生物安全性，极易被人体吸收。

## 延伸阅读

### 令人叫绝的海狮明星

自古以来，物品沉入海洋就意味着有去无还，可是在科学发达的今天，一些宝贵的试验材料必须找回来，比如从太空返回地球而又溅落于海洋里的人造卫星，以及向海域所做的发射试验的溅落物等。当水深超过一定限度，潜水员也无能为力。可是海狮却有着高超的潜水本领，人们求助它来完成一些潜水任务。例如，美国特种部队中一头训练有素的海狮，在1分钟内将沉入海底的火箭取上来，人们付给它的"报酬"却只是一点乌贼和鱼。

海狮是"智商"最高的动物之一，日本伊豆半岛三津海洋动物园的一只海狮学会了演奏世界名曲。这只聪明绝顶的海狮经过近一年的驯养，学会了用下腭触击钢琴琴键，连续不断地奏出乐音。这只海狮在驯兽员的指挥下，能演奏20多首世界名曲，其中包括贝多芬的《第九交响曲》《郁金香》和《一路平安》等舞曲，以及日本民歌《樱花谣》。这只故乡在南美沿海的海狮，两年前刚刚接受驯养时，每当它按照驯兽员的指挥用下腭准确地按下某个琴键后，就被奖赏一条鱼吃。如今它弹奏钢琴时，身体还会像音乐家那样左右摇晃，显得十分投入。这位三津动物园的"首席钢琴家"已被日本少年儿童评选为"1998年最受欢迎的宠物"。

## 两极常见的海豹

海豹属于哺乳纲鳍脚目海豹科。世界各地大约生活着30多种海豹，其中，北冰洋地区的海豹主要有格陵兰海豹、北欧海豹等；在南极辐合带以南的岛上和南极大陆沿海海冰上共生活着6种海豹，包括在南极大陆沿海海冰上生儿育女的威德尔海豹、罗斯海豹、锯齿海豹和斑海豹，以及在南极圈和南极辐合带之间的海洋和海岛上生活的象海豹等。

生物学家认为，在久远的年代以前，海豹祖先也是过着完全的陆栖生活，猎食各种小动物，但在生存斗争中，被沦为其他野兽的猎食对象，为了生存下去，它们只好逃到寒冷的海边，逐渐具备了海域生活的特点，所以至今它们仍然保持着不少陆栖的生活习性，如睡眠、配种、产仔和哺乳等还在陆上进行。

海豹比海狮更适于水环境生活，它们的两只前肢变成了一对鳍，后肢在尾部变成了两片扇形的蹼，躯体两头细，中间粗，呈纺锤形，头圆，颈短，无耳壳。全身密被短毛。毛色灰黄而具有黑斑，海豹的前肢朝前，后肢朝后。后肢不能朝前弯曲，

海　豹

并和尾相连，在陆地上不使用，但在水中则是主要推进器官，趾间有蹼，鼻孔和耳孔都有活动瓣膜，潜水时可关闭。海豹在陆上行动缓慢而笨拙，仅靠身体屈伸蠕动才能匍匐前移，且距离不长。它一生大部分时间在水中，只有繁殖、哺乳和休息时才爬上海岸。在水中游速较快，能以每小时 30 ~ 40 千米的速度游泳。

海豹还是潜水能手，一次潜水可达 8 ~ 12 分钟，长的可达 20 分钟之久，特别是它们潜水的深度很大，在 10 分钟左右的时间里，可下潜到 400 ~ 500 米的水下捕食，然后又浮到水面换气。竖琴海豹是海豹中潜水本领最好的一种，其身长与人差不多，心脏大小也和人相似，但它却能在 100 多米深的水底下停留一个多小时，而且上浮时不需要任何减压过程。这是因为它在下潜之前，先进行几次深呼吸，给血液中的血红蛋白和肌红蛋白储存氧气，当下潜后 8 分钟就开始进入嫌气状态，也就是处于不需要空气也能生活的状态。此时，将新陈代谢产生的酸（这些酸如果留在人体内，人就要发生痉挛）储存在肝脏里，一直到浮出水面为止。

海豹的视力在水下时很好，当它潜入到水下后，瞳孔立即扩大，以使眼睛能够接收尽可能多的光线。它的视网膜以视杆细胞为主，而且在视网膜后，还有反射层（膜状层）。在水下它的视力很好，可得心应手地捕食鱼类；在陆上，海豹的瞳孔收缩为一条细缝，挡住大部分光线，以便使视网膜能正常地发挥作用，并可及时地发现一些潜在危险，采取应对措施。北极海豹休息时很有趣，

一般是每睡35秒，就惊醒5秒，昂首四顾，看看有无白熊等敌害接近。

海豹主要捕食鱼类、甲壳类和贝类，而且食量很大，据估计，仅阿拉斯加湾一带水域里的海豹，每年就要吞食50万吨鱼类。偶尔也吃幼鸟或鸟卵。它大部分时间栖息于海中，但在交配、产仔、哺乳、换毛期间则生活于陆地和冰块上。在陆上活动，靠两只前肢匍匐前进，并能跨越两三米高的障碍，到石山上去休息。

繁殖期的雄海豹常会为了争夺配偶而大打出手。这一时期，雄海豹不吃东西，专心一意地守着妻小，防御情敌。一旦冤家路窄，情敌相遇，它们便各不退让，大打出手。双方伸长鼻子，仰天怒吼，激烈鏖战，难分难解。只落得皮开肉绽，鲜血淋漓。有的甚至鼻子都被咬掉了，但还要血战到底，誓不罢休。于是从陆上打到水中，以几吨重的躯体相互碰撞。最后斗得筋疲力竭，伤痕累累。战败者落荒而逃，胜利者占寨为主，重整"霸业"。

每年2月份，在我国渤海湾一带的浮冰上可以看到海豹产仔，初生仔约5千克。每胎1仔，遍体白色乳毛，是天然保护色。哺乳月余后，即能独立觅食生活。成年海豹有护幼习性，小海豹被捕时，大海豹往往紧跟着不放，结果往往一同落网。

海豹的肉可食，脂肪可炼油。皮可制革，光亮美观，能御寒防水。它还是一种能驯化的动物，非常聪明听话，并在训练后，可做许多有趣的游戏。

**▶▶▶ 知识点**

### 象海豹

象海豹是鳍脚目动物中的兽王。雄性象海豹体长4～6米，体重2～3.6吨，雌性小于雄性，体重约是雄海豹的一半。象海豹形似海象，区别在于无牙。象海豹有两种：①北海象，雄的鼻长似象，分布于美国和墨西哥西部沿海；②南海象，雄的鼻上部皮肤长成囊状构造，能膨起，分布于南半球海洋中。雄性象海豹体长5～6米，重约3 000千克；雌性体长3米左右，重约900千克。它们生活在海洋中，主要以小鲨鱼、乌贼和鳕鱼等为食。繁殖时期移至海岛。雌性个体常常成群出现在少数适宜的栖息地，而这些地方一般已经被具有优势的雄性个体所占据。

## 延伸阅读

### 海豹的价值

海豹的经济价值极高，但其处于海洋食物链顶部，体内都富集了大量的汞，吃了会导致慢性中毒。皮质坚韧，可以用来制作衣服、鞋、帽等来抵御严寒。正因为如此，海豹遭到了严重的捕杀。特别是美国、英国、挪威、加拿大等国每年派众多的装备精良的捕海豹船在海上大肆掠捕，许多海豹，特别是格陵兰海豹和冠海豹的数量减少得特别多。目前欧盟国家已经关闭了海豹制品贸易。由于滥捕乱猎和海水污染，现在，海豹的种群数量在急剧下降。为了保护海豹这种珍稀动物，拯救海豹基金会在 1983 年决定每年的 3 月 1 日为国际海豹日。

# 严酷环境下的两极生物

## 南极的生物

南极洲的自然环境十分恶劣，气候酷寒，日照微弱，风暴肆虐。南极大陆有 95% 以上的地区被终年不化的冰雪所覆盖，在茫茫冰原上，自然景观比沙漠地区还要荒凉得多，除了冰雪什么也找不到。只有在占总面积不到 5% 的岩石裸露区，才有可能发现生命的踪迹，这些无冰盖区，多位于大陆的边缘，如南极半岛、罗斯海西侧维多利亚地的南极横断山脉以及东南极洲沿海的山地和丘陵地区等。它们被南极考察队员称为"绿洲"，但是，这种"绿洲"与沙漠绿洲是无法相提并论的，因为这种"绿洲"内，完全不见树木，甚至连开花植物也很少见到。到目前为止，南极地区已辨认出的植物包括地衣 400 种、苔藓 75 种、藻类 360 多种。另有 4 种开花植物，分布在纬度较低的地区。

无论任何植物，如要正常生长，都必须要有一定的阳光、空气、水分和某些矿物质作为保证，缺少其中任何一种，植物便不能生存。严寒是影响植物生存的最大因素，因为当气温降低到 0℃ 以下时，光合作用和植物生长的复杂生物化学过程便停止了。所以像地衣、苔藓和藻类这些南极地区最原始的植物，也要求每年至少有几天气温在 0℃ 以上，高等植物则需要有一个月

以上的无霜期。

南极的地衣、苔藓和藻类这些低等植物，它们的构造都很简单，连根、茎、叶等营养器官都分不开，更没有花、果、粒等繁殖器官。它们或趴在地上顽强地生长，或泡在水里尽可能繁殖，利用一年中太阳不落且气温在0℃以上的短短的暖季，匆匆地完成整个生命过程，并靠孢子传宗接代。

藻类生活在南极大陆"绿洲"中的一些池沼和湖泊之中，此外，在大陆四周的浅海和大洋里，它的生长和繁殖能力十分惊人。其中最有名的一种叫硅藻，它的生命力极强，凡有光线、水分、二氧化碳和必要养料的地方，硅藻几乎随处可长。甚至在存放很久之后，在已经有些干枯的硅藻表面洒上一些水，它又可以奇迹般地起死回生。硅藻适合于在低温海水中生活，所以，南冰洋中硅藻含量巨大，十分丰富，一升海水中，硅藻个体可达几十万，甚至几百万个，常常能将几万平方千米的海洋表面改变颜色。

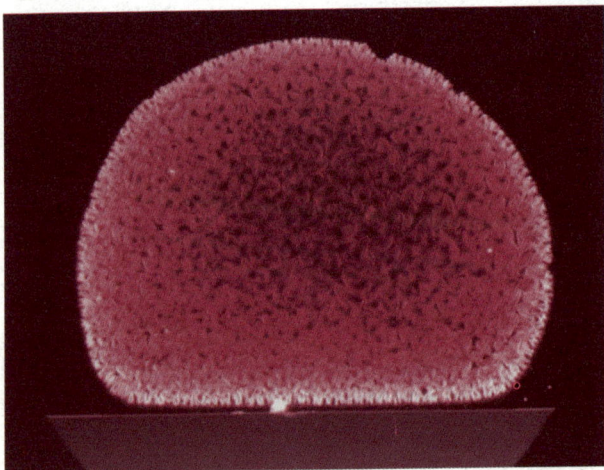

硅　藻

硅藻的繁殖能力也非常强，远远超过一般的绿色植物。在寒季，南冰洋处于封冻状态，它能够休眠；在暖季，海冰化开，光照充足，即使在温度很低的情况下，硅藻也能迅速地进行光合作用，大量地繁殖自己，有的每隔4~8小时就繁殖一次，10天之内便像几何级数一样地递增到10亿个。

硅藻含有丰富的维生素和蛋白质，而且具有鲜草那样的芳香气味，是南极磷虾最好的饵料。硅藻为南大洋中的海洋动物提供了大量的、基本的食物，是南大洋生物链中至关重要的一环。

在美国南极麦克默多考察基地附近两个湖常年被冰雪覆盖的弗里克塞尔湖、霍尔湖内发现了一种大片丛生的藻类——蓝藻的"近亲"品种，据研究，这种藻类对环境具有很强的适应能力，它能在长达 8 个月的极夜的漫长昏暗环境中生活，只利用短期的微弱阳光进行光合作用，而且只需要有水面上千分之一左右的阳光透进湖底，就足够它进行光合作用了。

南极大陆气候严酷，不能生长高等植物，低等植物也很少，不能为动物提供食物，所以南极大陆也没有土生土长的高等动物，同样地，低等动物也很少。在南极圈以南的广大南极地区，各类动物加起来不到 70 种，其中属于昆虫类的就有 40 多种。昆虫主要生活在南极大陆上，如南极半岛上就有无翅蝇和弹尾虫等，但令人奇怪的是，他们都不会飞翔。除了昆虫以外，在南极的沿海地区、"绿洲"之中和近岸岛屿上，还发现了棘皮动物、节肢动物和腔肠动物等。

与南极大陆不同的是，南冰洋四周的海洋生物极其丰富而稠密，主要原因是因为这些生物不是依靠陆地稀罕的动植物为生，而是适应那里的海洋环境，以捕食南冰洋的磷虾之类的甲壳纲动物为生。尤其在南极辐合线两侧的辐合带水域，动植物更是繁茂。

南极辐合带线南有一个较浅的冷水层，线北有一个较深的暖水层，线两侧不仅浮游生物大不相同，就是天空大气变化也有明显差别。一线之隔两个洋面的水温竟相差两三度。就在这寒暖洋流的交汇之处，南冰洋本来平静寒冷的海水受到突然南下的三大洋暖流的侵扰，结果形成了一股强大的上升流。这股上升流往往夹带着由磷酸盐和硝酸盐等无机物组成的丰富的营养物质。南冰洋的面积仅占世界大洋面积的 5%，但它所进行的光合作用却占世界海洋的 20%。因此，它的营养补给也相应比较多。上升流夹带的丰富营养物质滋养了在充分的光合作用下滋生、繁殖的大量浮游生物，为南极虾（又名磷虾）等海生小动物的生存和繁殖提供了充足的饵料，使这一带海域成为世界上数以千百万计的海鸟、企鹅、海豹和鲸类等海洋禽兽最巨大的饲养场之一。

在南极区域生活的动物的特点是：种类稀少，但数量繁多，对自然环境的适应性强；食物链比较脆弱，很容易失去生态平衡。仔细观察和研究南极地区的奇特动物，确会令人感到妙趣横生：没有翅膀的会蹦的弹尾虫；有了翅膀却不会飞的鸟；水生动物在陆上爬行；哺乳动物在水里游泳，有的肥头大鼻，蠢得可笑；有的道貌岸然，滑稽得很，它们的婚姻恋爱、家庭生活和生理特点都有十分耐人寻味之处。

南极区域的食物链比较脆弱。从南极辐合带深海处上泛的富含磷酸盐、

硝酸盐和其他无机物的营养物质滋养了大批浮游生物；这些浮游生物又滋养了比它们要大的南极虾等甲壳纲动物和鱼类；较小的鱼类和甲壳纲动物又成为较大鱼类和枪乌鲗的食物。它们一起又被海鸟、企鹅、海豹和鲸类所吞食，南极的贼鸥又捕吃企鹅的幼禽和蛋；而鲸类中的逆戟鲸又攻击、噬食同类中甚至比它躯体庞大的须鲸等或捕食企鹅、海豹和其他鱼类。这些现象基本上遵循自然界普遍存在的"弱肉强食"的规律。

## 北极的生物

北极圈以内，除了周围众多的岛屿和四周环绕它的大陆边缘以外，冰雪覆盖的极心地区，都是海洋，人们称它为北冰洋。除了在格陵兰岛和斯瓦巴德群山之间，有北冰洋与大西洋相连的通道以外，它几乎与世界大洋隔绝，大大限制了北冰洋同其他大洋之间的海水交换和航行。所以，北冰洋成了个被陆地封锁、相对孤立的大洋。与南极比较，北极地区的环境相对好一些，但气候和环境与世界其他地区比起来，仍然是十分严酷的。

北冰洋周围的陆地和北冰洋中的岛屿，除格陵兰岛等岛屿外，长年被冰雪覆盖的地区较少，加上北极地区的温度稍高，北极圈内的陆地，夏季时大部分地区可有6个星期的生长季，气温也能保持在0℃以上，加上光照充足，所以北极地区生活的动植物种类要比南极地区多得多。

在北极地区，主要是北极苔原带，大约有2 000种地衣、500种苔藓和900种开花植物。以欧亚大陆最北端的俄罗斯的太梅尔半岛为例，虽然全部太梅尔半岛都是苔原冻土地带，但地面的植物也由南往北不断地变化；伊加尔卡靠近北极圈，是森林地带和苔原地带的交界线，西伯利亚的茫茫林海在这里变成了和苔原交错的灌木林；从此往北，低矮的灌木丛逐渐消失，进入了纯苔原带，但偶尔还有一些孤独的树木出现；当孤独的小树完全绝迹的时候，便进入了苔原的纵深地带了。到了夏天，除了半岛最北端（北纬78°左右）只覆盖一层很浅薄的苔藓，其他植物很难生长外，大部分苔原上都有草莓和花卉，大地上像是铺了一层丰厚的毛毡，间夹着无数的花朵，一群群野鹿在苔原上奔走，候鸟在低空飞翔。

为适应短暂的生长季，北极地区的植物都具有惊人的快速的生命周期，它们的发芽、开花、结籽的整个生命过程，有的在一个月之内，有的甚至在两个星期之内就全完成了。北极地区的有花植物可一直分布到最北的、纬度在北纬80°以上的法兰士约瑟夫地群岛和北地群岛上，每到夏季，气温回升，当气温还在0℃左右，雪还没有化完，但是到处都生长着绿色的嫩芽和还未完全开放的花枝。有时，一夜之间，各种色彩间杂的花朵全部开放，如同神话一般，满山遍野的花朵，常常让初访极地的人惊叹不已。

北极地区的植物，由于生长季很短，而且常常遭到风暴的袭击，因此，它们大多长得矮小，或者干脆匍匐在地面，形成一种特殊的生存适应。

北极地区的动物种类很多，空中有各种各样的鸟类，陆上有许多陆生动物，如北极鹿、北极狐、北极狼、麝牛、野兔、旅鼠、北极松鼠、土拨鼠、灰熊、北极熊等等，海里有鲸、海豹、海象及各种各样的鱼类。众多的动物，使寒冷广漠的北极地区成了一个独特的天然动物园。

麝　牛

知识点

地　衣

地衣是真菌和光合生物之间稳定而又互利的联合体，真菌是主要成员。另一种定义把地衣看做是一类专化性的特殊真菌，在菌丝的包围下，与以水为还原剂的低等光合生物共生，并不同程度地形成多种特殊的原始生物体。传统定义把地衣看做是真菌与藻类共生的特殊低等植物。1867年，德国植物学家施文德纳作出了地衣是由两种截然不同的生物共生的结论。在这以前，地衣一直被误认为是一类特殊而单一的绿色植物。全世界已描述的地衣有500多属，26 000多种。从两极至赤道，由高山到平原，从森林到荒漠，到处都有地衣生长。

### 延伸阅读

#### 麦克默多考察站

麦克默多考察站位于罗斯岛。罗斯岛上有大片贫瘠的大陆冰架，还有从四面八方升起的高大山脉。麦克默多考察站最初是20世纪50年代美国海军"实施深冻"项目的一部分，后来又由国家科学基金会接手。现在麦克默多考察站的目的就是作为不同科研项目的基地，包括冰河学、生物学、气象学、地质学等等。

该站以1841年罗斯率领的"恐怖"号船上的阿奇博尔德·麦克默多海军上尉命名的。麦克默多站设备先进，有各种建筑200余栋，包括10多座3层高楼房。麦克默多站是美国南极研究规划地理中心，也是美国其他南极考察站的综合后勤支援基地。有一座大型机场，可以起降大型客机，有飞往新西兰的航班。此外，附近还有两个小型机场、大型海水淡化厂、大型综合修理厂、电影院、医院、商场、邮局一应俱全，仅酒吧就有4座之多。在站内的各种实验室里，每年夏季有2 000多名、冬季有200多名各国科学家在从事各学科的考察研究；每年来此工作的外籍科学家都在20～50人。每当夏季，一架架大型客机从美国、新西兰、澳大利亚等地把成千上万名游客运到这里，以观光南极洲的神奇风景。夏季的麦克默多，车水马龙，热闹非凡，就像一座现代化的都市，故有"南极第一站"之称。

## 源自中国北方的因纽特人

"爱斯基摩（Eskimos）"一词是由印第安人首先叫起来的，即"吃生肉的人"。因为历史上印第安人与爱斯基摩人有矛盾，所以这一名字显然含有贬意。因此，爱斯基摩人并不喜欢这个名字，因而不同地区的爱斯基摩人对自己有不同的称呼。美国阿拉斯加地区的爱斯基摩人称自己为"因纽皮特人"，加拿大的爱斯基摩人称自己为"因纽特人"，格陵兰岛的爱斯基摩人称自己为"卡拉特里特"，意思都是"人"。爱斯基摩人认为"人"是生命王国里至高无上的代表。除本段讲解外，本书中爱斯基摩人统一称为因纽特人。

爱斯基摩人是北极土著居民中分布地域最广的民族，其居住地域从亚洲东海岸一直向东延伸到拉布拉多半岛和格陵兰岛，主要集中在北美大陆。通常西方人把爱斯基摩人分为东部爱斯基摩人和西部爱斯基摩人。西部爱斯基摩人指阿留申群岛、阿拉斯加西北部和加拿大西北部麦肯齐三角洲地区讲因纽特语的居民。这些地区的爱斯基摩文化深受相邻地区亚洲和美国印第安人文化的影响。东部爱斯基摩人指北美北极地区的中部和东部讲因纽特语的居民。在西方人的眼中，他们是典型的爱斯基摩人。东部爱斯基摩人的分布面积占整个爱斯基摩人居住范围的 3/4 而人口却只占 1/3。由于东部地区的自然资源没有西部的丰富，所以今天西部地区的爱斯基摩人的物质生活水平和文化水平都要比东部地区的高一些。爱斯基摩人居住地分散，地区差异很大，所以文化差异也很大。当人们不分青红皂白笼统地称之为爱斯基摩人的时候，并没有意识到这些爱斯基摩人实际上说着不同的语言。当然，这些语言属于同一个语系，即现在所说的爱斯克兰特语。人们相信这个语系和东亚地区的某些语言有关系，只是至今还没有找到足够的证据说明这一点。

因纽特人都是矮个子、黄皮肤、黑头发，这样的容貌特征和蒙古人种相当一致。近年来的基因研究发现，他们更接近西藏人。因纽特人是由从中国北方经两次大迁徙进入北极地区的。经历了 14 000 多年的历史。因纽特人祖先来自中国北方，大约是在一万年前从亚洲渡过白令海峡到达美

因纽特人

洲的，或者是通过冰封的海峡陆桥过去的。他们与亚洲同时代的人有某些相同的文化特色，例如用火、驯犬及某些特殊仪式与医疗方法。由于气候恶劣，环境严酷，他们基本上是在死亡线上挣扎，能生存繁衍至今，实在是一大奇迹。他们必须面对长达数月乃至半年的黑夜，抵御零下几十摄氏度的严寒和暴风雪，夏天奔忙于汹涌澎湃的大海之中，冬天挣扎于漂移不定的浮冰之上，

仅凭一叶轻舟和简单的工具去和地球上最庞大的鲸鱼拼搏，用一根梭标甚至赤手空拳去和陆地上最凶猛的动物之一北极熊较量，一旦打不到猎物，全家人，整个村子，乃至整个部落就会饿死。因此，应该说，在世界民族大家庭中，因纽特人无疑是最强悍、最顽强、最勇敢和最为坚韧不拔的民族。

狩猎是因纽特人的传统生活方式，或者说，在北极地区狩猎是因纽特人的"特权"，他们世世代代以狩猎为生。在格陵兰北部，他们在冬夏之交猎取海豹，6～8月以打鸟和捕鱼为主，9月猎捕驯鹿。而在阿拉斯加北端，全年以狩猎海豹为主，并在冬夏之交猎取驯鹿，4～5月捕鲸。不同季节、不同地区，爱斯基摩人采用不同的方法猎取海豹。

夏季，因纽特猎人划着单人皮划艇，带上海豹叉或带刺梭标、网、绳子等工具来到海豹经常出没的海面寻找猎物。猎人静静地划着双桨，不停地搜索海面。因纽特猎人从小练就一副好眼力，能看见100～200米远处嬉戏的海豹。一旦发现猎物，猎人便快速悄悄接近目标。等到靠近时，猎人迅速拿起鱼叉使劲投向海豹。动作要快，投掷要准确，否则海豹瞬间便会潜入水中逃之夭夭。被叉到的海豹同样也会潜入水中，甚至会把船拖翻。因为即使后面拖着条船，海豹也能游得跟平时一样快，所以猎手必须用网迅速拖住海豹，直到其最后精疲力尽。这时猎人再接近猎物，杀死它，把它拴在船边。然后全面检查一下船上设施，继续寻找下一个猎物。如果运气好，一个猎手一天能猎到两三只海豹。不走运的就只能空手而归了。

到冬季时，海面冰封，因纽特人就采用另一种方法猎海豹。海豹属于哺乳类动物，虽然生活在大海中，但却靠肺呼吸，所以必须经常不断地浮到海面呼吸空气，然后再潜入水中。海豹每吸一次气，可在水下呆7～9分钟，最长可在水中呆20分钟左右。如果超过这个时间，它们就会窒息而死。由于北极地区冬季海面结冰，海豹无法在冰下找到换气的地方，它们就由下而上把冰层啃出一个洞，作为呼吸孔。因纽特人就是通过寻找海豹呼吸孔来猎捕海豹的。

加拿大北极地区冬季时海面封冻的时间长达几个月，这段时期是因纽特人食物来源最少的艰苦日子。这里的库普因纽特人却有非常高明的寻找海豹的方法。他们发动全村的人都到距海岸几千米的冰面上寻找海豹呼吸孔。在相当大的范围内找到一批呼吸孔后，若干名猎手便同时出发，在每一个呼吸孔旁守候一个人。这样，如果海豹在一个呼吸孔被吓跑，势必要到另一个呼吸孔吸气。守住一片区域的每一个呼吸孔，海豹就难逃天罗地网了。采用这

因纽特人住所

种方法，总有一两个猎手每天猎到至少一只海豹。直到几星期后，这一地区附近的海豹全部消失，于是村里的人再迁往别处狩猎。

因纽特人在过去几千年里，他们虽然生活得自由自在，并没有外人来打扰，但其发展变化却也极其缓慢，没有货币，没有商品，没有文字，甚至连金属也极少见，是一种全封闭式的自给自足，一种真正的自然经济，与人类历史上的新石器时代差不多。直到16世纪，西方持枪的狩猎者才发现了他们的存在。于是，毛皮商人、捕鲸者、传教士们接踵而至，本来冷冷清清的北极，顿时变得热闹非凡，世界各国的报刊也频频出现"爱斯基摩"这个名字。这些外来者带来的两种东西曾对因纽特社会产生了深远的影响。一是金钱，这引起了因纽特人价值观念的深刻变化；二是疾病，曾使因纽特人的数量减少了许多。

现在，在树线（由于寒冷的气候条件，再往北就不可能生长树木了，有人把这条线而不是北极圈作为北极的界限）以北的当地居民总共还不到10万人，而外来居民却越来越多。生活在阿拉斯加北坡自治区的因纽特人实在是幸运者，因为这里有两个美国最大的油田，他们每年可以从石油公司那里得到一笔相当可观的收入。尽管如此，他们仍然过着自给自足的生活，主要靠打猎为生。有些人即使有了工作，可以有一笔很好的工资收入，但仍然要依靠打猎来解决一家的温饱问题。他们虽然有时也吃熟食，却总觉得生肉吃起来更带劲，既能抗寒，又能充饥。

**知识点**

## 白令海峡

　　白令海峡是位于亚洲最东点的迭日涅夫角和美洲最西点的威尔士王子角之间的海峡，平均深度约 30～50 米，最狭处约 85 千米；峡内岛屿罗列，包括约 16 平方千米的代奥米德群岛及海峡南边的约 2 560 平方千米的圣劳伦斯岛。两侧的大洲分别是亚洲、北美洲。美国、前苏联国界在此穿过。这个海峡连接了楚科奇海（北冰洋的一部分）和白令海（太平洋的一部分）。它的名字来自丹麦探险家的维图斯·白令。他在 1728 年俄国军队任职时穿过白令海峡，是第一个穿过北极圈和南极圈的人。

**延伸阅读**

## 白令之死

　　维图斯·白令（1681～1741），原籍丹麦，1704 年起在俄国海军服役。由于他才能出众、效忠沙皇而深受彼得大帝的赏识。

　　1733 年，他率领庞大的探险队，再一次横跨欧亚大陆到达堪察加半岛，然后于 1741 年乘船北上。7 月中旬的一天，天气晴朗，阳光普照。船队通过海峡时，白令站在船头，高兴地看到了海峡对岸的北美大陆，看到了海拔 5 000 多米的圣厄来阿斯山，它那白雪皑皑的山顶在阳光下闪烁着耀眼的光芒。探险船停泊在一个小岛旁，一位博物学家登上岸去，在考察中发现了一种鸟类，和生活在美洲东部的鸟很相似。另外他们还发现了当地的土著民族。这些发现都确凿地证明，探险队此刻正站在北美洲的土地上，海峡的存在是毫无疑问了。在返航途中，白令不幸得了坏血病。他四肢无力、牙龈浮肿，并且开始糜烂出血。在 18 世纪，这种疾病对远洋海员的生命是极大的威胁。由于病因不清楚，很难救治。11 月初，探险船在狂风巨浪中触礁，无法继续航行了，只得在荒无人烟的小岛上停留下来。这一年的 12 月 8 日早晨，心力交瘁的白令死在了这个小岛上。

# 蕴藏丰富的两极资源

>>>>>

铁矿是南极大陆所发现的储量最大的矿产，主要位于东南极洲。在南极大陆上发现的煤田很多，而且许多煤层直接露出地表。南极横贯山脉的煤田，可能是世界上最大的煤田。南极的有色金属与贵金属矿产，经过地质学家们多年的考察研究，已初步发现了它们的分布规律。

南极洲冰的总量达 2 261 万立方千米，占全球总冰量的 85%，为此，南极地区在将来可能成为世界上没有污染的最大实用淡水源。

石油和天然气是北极地区重要的矿产资源。在阿拉斯加北部、加拿大西北部以及西伯利亚北部，都有蕴藏量十分丰富的油田和天然气田。除此之外，在北极地区还蕴藏着丰富的煤、铁、铀、铜、锌等矿产。

日常生活中，冰雪带给人类的利益确实不少。具体说来，冰雪的用途除了作为淡水资源外，主要表现在以下几个方面：制冰工业、冰道运输、冰雪建筑和战争中利用冰雪等。

## 南极的矿产资源

### 储量巨大的铁矿

铁器的发明是人类社会发展史上一个巨大的进化和飞跃，铁和铁器对于人类社会的发展和生存起着举足轻重的作用。难怪有人比喻，钢铁是现代工

业的骨骼，现代战争就是高科技加钢铁的较量。

　　全世界已查明的铁的蕴藏量是相当可观的，但具有工业开采价值的富铁矿床就不是那么乐观了，所以近几十年来，地质学家们又逐步把寻找铁矿远景资源的目光投向了南极洲。

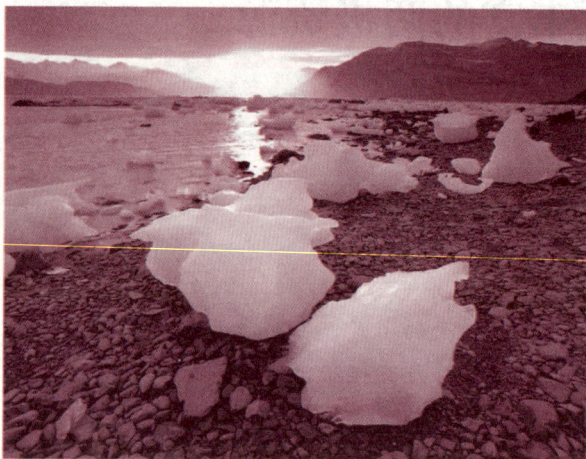

南极洲里有铁矿

　　铁矿是南极大陆所发现的储量最大的矿产，主要位于东南极洲。1966 年，前苏联地质学家在麦克·罗伯逊地查尔斯王子山脉南部的鲁克尔山北部发现了厚度约 70 米的条带状富磁铁矿岩层，称为条带状磁铁矿层或碧玉岩。矿石平均含铁品位为 32.1%，最富可达 58%，其中三价铁含量高于二价铁。

整个岩系厚度达 400 米，时代为晚太古至元古代。他们在 1971～1974 年调查、确定了该地区磁铁矿和硅酸盐中铁的品位可以与澳大利亚西部的哈默斯利盆地、北美洲的苏必利尔湖区、加拿大的谢弗维尔地区和前苏联的克里沃·罗格地区的铁构造相比。航空磁场调查资料表明，铁矿集中区在冰体下长 120～180 千米，宽 5～10 千米。1977 年，美国的霍夫曼和里瓦齐等人，根据航磁异常报道了在鲁克尔山西部的冰盖下的两个磁异常带，其宽度为 5～10 千米，延伸达 120～180 千米，他们初步认为这是鲁克尔条带状含铁层的延续，如果这两个磁异常带确为铁矿所引起的推理得到进一步证实，那么，该地区的铁矿将是世界上最大的。这就是目前一些南极地质学家所声称的"南极铁山"，其铁矿蕴藏量，初步估算可供全世界开发利用 200 年。

　　毫无疑义，南极洲鲁克尔山条带状含铁层的发现，已经在关心南极矿产资源的地质界引起了极大的兴趣。

　　查尔斯王子山脉往东，在西福尔山的冰川漂砾中，发现有大量碧玉铁质岩砾石，与查尔斯王子山脉所见的不同，这些含铁岩可能来自西福尔丘陵以南的宽 2～4 千米，长约 120 千米的冰下磁异常带。

澳大利亚地质学家在恩德比地的纽曼孤峰群发现了太古代条带状含铁层，并且报道了努凯峰群附近的航磁异常。该条带状含铁层长 750 米，宽 150 米，厚 20 米，平均含铁品位为 34.4%。

除此之外，东南极洲的毛德皇后地中西部，靠近威德尔海的石榴石和石英磁铁矿脉中以及马里皇后地的诺克斯海岸的班戈丘陵等地都先后报道有富含磁铁矿的岩系存在。

由此可见，东南极洲前寒武纪地区包含的太古代和早至中元古代的条带状含铁岩层分布十分广泛，它们在澳大利亚、印度、南非和南美等冈瓦纳大陆的前寒武纪地质区均有发现。上述大陆的条带状含铁层，经过长期的去硅和去碳酸盐的分选作用，形成了富含铁的赤铁矿。例如在西澳大利亚的皮尔巴拉地区和哈默斯利盆地都有储量极大（14～200 亿吨）、含铁品位极高（55%～65%）的特大矿床。然而，由于南极洲自然条件十分恶劣，南极洲的低品位铁矿资源，在勘探和开发方面有许多不利因素，经营费用势必十分昂贵。所以在世界其他大陆的铁矿资源还未耗竭之前，人们还不会去南极洲进行铁矿开采，也就是说，南极洲的铁矿资源在近几十至上百年内还不具有开发价值和经济价值。

## 世界上最大的煤田

煤，作为一种天然能源，与人类的发展、生存息息相关。早期南极探险家，在露岩区采集标本时，经常发现煤，而且用它做饭、取暖。时至今日，在南极大陆上发现的煤田很多，而且许多煤层直接露出地表。目前发现的煤田主要分布在南极横贯山脉沿罗斯海岸的一段，还有西南极洲的埃尔斯沃思山区也有煤田露出。南极横贯山脉的煤田，可能是世界上最大的煤田。从维多利亚地中部到瑟伦山的南极横贯山脉含煤岩系中，厚约 500 米的二叠纪沙岩中分布着多层煤层。煤层厚度从几厘米到几米，最厚可达 5 米，但比较少见。这些煤层呈透镜状，水平延伸一般小于 1 千米，煤质从低挥发性的烟煤到半无烟煤，含炭量为 8%～20%。

在乔治五世地的霍恩崖、毛德地的海姆弗伦特山脉、埃尔斯沃思山脉和霍利克山脉的相同沉积地层中，也有发现煤的报道。在查尔斯山脉北部比弗湖附近的二叠纪沉积地层中，发现厚度为 2.5～3.5 米的煤层，煤质优良。科学考察资料表明，南极大陆二叠纪煤层广泛分布于东南极洲的冰盖下的许多地方，其蕴藏量约 5 000 亿吨。

鉴于南极洲煤田开采和运输方面的巨大困难，在世界其他各大陆煤矿资源尚未枯竭或能找到代替能源之前，南极洲的煤矿不大可能成为世界的可用能源。当然，有朝一日，南极洲沉睡的巨大煤田是有可能被人类开发利用的。

## 石油和天然气

1973年执行深海钻探计划（DSDP）的美国钻探船"格洛玛·挑战者"号，在罗斯冰架外的大陆架区4个站位上进行钻探，那里的沉积物厚度达3 000~4 000米。钻这4个孔的目的旨在研究那里沉积物的沉积史。因此，所选的钻探站位故意避开过去从海洋地球物理研究角度认为沉积地层可能有含油构造的区域。然而，这4个钻孔中有3个仅钻到45米深时就喷出了大量的天然气。为了使烃类不再外溢，保护南极自然环境免受污染，他们不得不马上用水泥将井口封住。尽管美国严加保密，这一消息还是不胫而走，使人推测罗斯海盆地可能储有重要的烃类化合物资源。特别是上述4个钻孔都避开了很有可能蕴藏着烃类化合物的沉积层已知凹陷构造区，这不能不使人们对南极大陆周围海域的石油资源更加关注。

根据近20年在南极大陆周围海域的海洋地质和地球物理调查的资料，认为在南极大陆周围海域可能潜在油气资源的沉积盆地有7个，它们是威德尔海盆、罗斯海盆、普里兹湾海盆、别林斯高晋海盆、阿蒙森海盆、维多利亚地海盆和威尔克·斯地海盆。

## 丰富的有色金属矿产

有色金属在国防工业、机械制造和日常生活中都有广泛的用途，其中许多又是贵重金属。

南极洲地域广阔，与地质构造和地质历史相似的其他大陆比较，可能潜藏有丰富的矿产资源。由于南极大陆面积的98%被巨厚的冰盖所覆盖，因此地质调查工作十分困难。目前的地质调查仅限于无冰区和南极大陆沿岸，着重研究南极地质构造和地层的小比例尺的区域地质填图。作过1:2.53大比例尺地质填图的地区，不超过100平方千米。根据各国的地质调查资料估计，南极洲可能有矿床在900处以上，其中在无冰区有20多处。已发现的矿床、矿点100多处。除铁和煤之外，有南极半岛的铜、钼以及少量的金、银、铬、镍和钴，南极横贯山脉地区的铜、铅、锌、银、锡和金，东南极洲的铜、钼、锡、锰、钛和铀等有色金属。

南极洲的有色金属矿产主要分布在西南极洲的安第斯成矿区,含南极半岛、埃尔斯沃思地、玛丽伯德地。该区北部可能与南美的安第斯山脉相连,南部与新西兰为邻。该区时代为中生代至新生代,主要矿化为铜,还有铁、铅、锌、金、银等。这些矿种多与钨碱性侵入岩有关。可进一步划分为铜亚区(主要是整个南极半岛)和铁亚区(主要是半岛西部)。所谓矿化地区,系指有矿产显示和储存,但其品位、储量(尤其是储量)都达不到工业开发标准的地区。

南极半岛

早在 1977 年,地质学家就在南极半岛及其周围岛屿发现了各种小型有色金属矿,其中就有多处斑岩型铜矿,与世界闻名的铜矿之国——智利的安第斯山脉中段典型的铜矿类型相同。中安第斯山的斑岩铜矿中普遍有钼的硫化物辉铜矿伴生,南极半岛也是如此。另外,在东南极前寒武纪地盾的基岩里也发现了一些小型的辉钼矿矿床。

安第斯板块俯冲作用使大量钨碱性火山岩喷出,盖在半岛及西埃尔斯沃思地古生代岩石之上,其中也发现有金属矿化。

在中央安第斯山脉,与斑岩铜矿床共生的金和银十分常见,而在南极半岛上的一些地区也同样发现了金和银的矿化点。例如在斯托宁顿岛上的英国基地附近,在侵入于变质岩基底的安第斯花岗岩中,发现与黄铁矿相伴生的金银矿,金的含量为 1.4 克/吨,银的含量为 10.3 克/吨。另外,在东南极洲

维多利亚地和阿德利地海岸带的含硫化物石英岩脉中，都发现金和银的矿化，并与铬、镍、钴共生。

世界上许多铬、镍、钴矿床都与巨大原基性岩类岩浆侵入体有关，并且通常表现得如沉积岩那样呈水平状。南非的布什维尔克、蒙大拿州的斯蒂·尔沃特和渥太华的萨德伯里等三个这样的大岩体中，也有铂和铜与铬、镍、钴矿床伴生。西南极洲彭萨科拉山脉几乎占1/3的北段杜费克岩体是世界上最大的层状岩浆杂岩之一。粗测表明，这个中侏罗纪侵入体至少有34 000平方千米，厚度约7千米。尽管还没有在该杂岩体找到有意义的矿床，但它仍然是重要的勘探对象。据报道，在南维多利亚地沃伦山脉，有另一个与杜费克相似的层状杂岩体，只是还未进行详细的考察。

与前述的铁、煤资源一样，南极的有色金属与贵金属矿产，经过地质学家们多年的考察研究，已初步发现了它们的分布规律。那就是南极半岛的铜矿及与它共生的有色金属矿特别多，这种伴生现象与南美洲西部世界上有名的安第斯山铜矿带十分相似，这无疑是同一安第斯构造带向南极洲的延伸。而东南极洲沿海地区的铁矿、铀矿和其他许多矿点生存的地质条件，又同澳大利亚、印度和南非已发现的一些同类型大矿床不尽相同，这就提供了在南极洲上找到重大矿床的可能性，但关键在于提高科学研究水平和改进找矿的技术手段。随着科学技术的高度发展和其他大陆上矿产资源开发利用的枯竭，有朝一日，南极大陆上的矿产必将对人类有较大的实用经济价值。

**知识点**

### 维多利亚地

维多利亚地位于东南极洲，罗斯海与罗斯陆缘冰的西侧，约在东经150°~170°、南纬70°~78°。东部有与经线相平行的大地垒带和与其相垂直的东西向横断层、多断块山地与地垒。地垒带东缘下接罗斯海，陡坡明显。沿岸和沿海岛屿上有世界最大的火山群之一。山地冰川发育于交错的地堑内，向外流，往往形成冰川，泻落入罗斯海或罗斯陆缘冰上。西部和南面与南极高原连成一片，并为冰雪所覆盖。煤矿极为丰富，还有铀、钍等，南部有金、银和石墨矿。南部山脉中的麦克默多绿洲，无冰雪覆盖，是南极大陆最大的绿洲，有生物存在。是世界上风力最大的地方。年平均风速每秒19.4米（相当于8级风），最大风速每秒90多米，即每小时324千米（12级风每小时风速118千米以上）。

## 延伸阅读

### 铁器时代

铁器时代是人类发展史中一个极为重要的时代。人们最早知道的铁是陨石中的铁，古代埃及人称之为神物。在很久以前，人们就曾用这种天然铁制作过刀刃和饰物，这是人类使用铁的最早情况。地球上的天然铁是少见的，所以铁的冶炼和铁器的制造经历了一个很长的时期。当人们在冶炼青铜的基础上逐渐掌握了冶炼铁的技术之后，铁器时代就到来了。世界上最早制造铁器的，是小亚细亚的赫梯人，时间在公元前1 400年左右。约在公元前1 000年，古希腊和古罗马开始普遍使用铁制的工具和兵器。在公元前500年左右，欧洲大陆普遍使用铁器。中国最早的关于使用铁制工具的文字记载，是《左传》中的晋国铸铁鼎。在春秋时期，中国已经在农业、手工业生产上广泛使用铁器。

铁器坚硬、韧性高、锋利，胜过石器和青铜器。铁器的广泛使用，使人类的工具制造进入了一个全新的领域，生产力得到极大的提高。铁器的使用，导致了世界上一些民族从原始社会发展到奴隶社会，也推动了一些民族脱离了奴隶制的枷锁而进入了封建社会。

## 运冰取水前景大好

南极洲冰的总量达2 261万立方千米，占全球总冰量的85%，为此，南极地区在不久的将来可能成为世界上没有污染的最大实用淡水源。

有人可能会问：海水不是咸的吗？南极地区的冰，特别是南冰洋的封海冰又为何成为淡水源了呢？

是的，海水确实是咸的。据化验，地球上各大洋海水的平均盐度为

34.48‰，因为盐度高，其冰点在 -1.9℃左右。而淡水的冰点是在 0.01℃。南冰洋的海冰是由海水凝结而成的，照理说它应该是咸的。但海冰所含的盐度却比海水要低得多，甚至天长日久的海冰融化后几乎跟淡水一样，可以当做食用水。因为冰是一种单矿岩，它的特点是不易同它物共处。它的原体水在结晶过程中会自动排除杂质，保持洁净。因而，海水凝结时形成的冰晶体已经把盐分排除出去，实际上成为含盐度很低（一般在 0.5‰~15‰之间）的淡水冰了。被离析出来的盐分形成浓度较大的"卤水"，在海冰内以"盐泡"的形式存在，随着时间的推移，卤水因重力沿冰晶间隙往下移动，留于底部，到暖季时气温升高，就从海冰表面的孔洞中析出。海冰便成为淡水冰了。至于大陆上冰盖的水源则来自雪花，它所含的盐度则更微乎其微了。

**南极洲冰**

　　不消说冰盖和封海冰的淡水量有多大，光是每年从南极大陆游离的冰山和块冰就达 14 000 多亿吨，可以提供 1 000 立方千米的淡水，等于 10 000 亿立方米。若以目前世界每年用水量 3 000 立方千米计算，足够供应全世界工农业用水和 60 亿居民饮用 4 个月之久。而南极大陆积存的 2 261 万立方千米的万年冰，如果全都融化成水，即使"坐吃山空"，不再增加新的冰层，那也可以用它 7 500 多年。

　　水是生命之源，人类和动植物一刻也离不开它。

南极洲面积有 1 400 万平方千米，95% 以上的面积常年被冰雪覆盖，形成一巨大而厚实的冰盖，它的平均厚度达 2 450 米，冰雪总量约 2 700 万立方千米，占全球冰雪总量的 90% 以上，储存了全世界可用淡水的 72%。有人估算，这一淡水量可供全人类用 7 500 年。因此，南极洲是人类最大的淡水资源库，而且其冰盖是在 1 000 万年前形成的，没有受到任何污染，水质极好。如果用南极冰盖的冰制成饮料，毫不夸张地说，它是世界上特等的纯净饮料。1986 年 10 月在日本东京召开第八届南极矿产资源会议时，好客的日本国立极地研究所所长松田达郎先生就曾用南极冰招待贵宾。客人们，包括各国外交官饮后，全都赞不绝口。因为，南极冰不仅清纯甘洌，而且它在杯内溶解时，冰晶体中的气泡溢出会发出清脆的响声，美妙悦耳。

除了南极大陆的冰盖以外，南极大陆四周的海冰数量也相当可观。据美国国家科学基金会资料报道，在南极隆冬季节，海冰面积可达 2 000 万平方千米，在夏季，虽然海冰面积大量向南退缩，也可达 500 万平方千米。南极冰盖由于受重力作用和大陆地形坡度的影响，不断从大陆内部向沿海流动，最后崩裂，坠入大海的冰层，成为漂浮的冰山。据估算，每年从南极大陆崩裂入海的冰山和冰块量达 14 000 多亿吨，体积约 1 200 立方千米。即使把这些冰山的 10% 拖运到干旱地区，也足以浇灌 1 000 万公顷的农田，或者供 5 亿人口的用水。因此，这不仅对那些干旱缺水的国家有很大的吸引力，甚至连美国这样淡水资源相当丰富的国家也对开发南极淡水资源很感兴趣。漂浮在南大洋上的冰山总量约 22 万座，总体积约 18 000 立方千米。有记录的世界最大的冰山，其面积有 30 000 多平方千米，长 333 千米，宽 96 千米，比整个比利时还大。这座冰山是 1956 年 11 月 12 日美国"冰川"号船在南太平洋斯科特岛以西 240 千米处观察到的。所以，南极的海冰和冰山也是相当可观的淡水资源。

1979 年 4 月 23 日至 27 日在墨西哥首都举行的世界第三次水利大会上提出的有关报告指出，地球上拥有的水量约为 145 000 万立方千米，其中 97% 是咸水。目前，全世界居民用水以及农业和工业的用水量已从 1900 年的 400 立方千米增加到 3 000 立方千米。到公元 2000 年的世界用水量达到 6 000 立方千米。会上，来自六大洲的 80 个国家的代表就居民粮食生产用水、水力发电、海水淡化和水利合作等问题交流了经验。许多报告强调了合理用水的必要性，并分析了海水淡化问题。

迄今，已有不少国家的科学家认为取之不尽、用之不竭的南极淡水是今

后向人类提供长期大量饮用淡水的理想仓库，有的已经写成论文在有关的国际会议上宣读，进一步实现"向南极冰山要淡水"或"南极地区取冰化水"的雄心勃勃的计划。

智利经济计划署和太平洋研究所曾经派出了三名科技人员到南极地区进行实地考察。他们回到首都圣地亚哥之后便向有关机构呈报了一份题为《供给智利北部水源的南极冰》的计划。这份长达90页的计划不仅认为从南极取冰化水具有实际可能性，而且还提供了一些具体技术设想。

沙特阿拉伯则在1977年年初正式发表了有关采运南极淡水冰的五年计划。尽管它动手较晚，但因为它的石油储量达198亿吨，名列世界前茅，手头拥有绰绰有余的石油美元，或许会比距南极虽近，但国库空虚的智利早着先鞭。

澳大利亚与东南极洲的东部海岸相距只有2577千米，作为首都来说，堪培拉和新西兰的惠灵顿同南极大陆最接近。"近极大陆先得冰"，利用南极冰层作为淡水来源，澳大利亚和新西兰也早动过这个念头。这两个畜牧业很发达的国家，都想利用南极这个天然冰库来作为本国肉类生产的理想贮藏室。尤其是澳大利亚，它虽四面环海，但因受亚热带高气压及东南信风的控制和影响，沙漠和半沙漠占全国面积的35%。尤其是西部高原和内陆沙漠因受热带沙漠气候的支配，年平均降水量不足250毫米。干旱缺水使这个国家的耕地面积只占全国面积的2%，未经污染的、源源不断地从南极大陆掉进南冰洋的冰山就必然成为觊觎的对象。澳大利亚的科学家主张设法直接把座座冰山拖运到本国沿海。他们认为即使抵岸之时冰山融化一半，但比起用海水淡化法的耗费来，经济上似乎更合算可行。

人们设想从南极取冰并非直接从大陆冰盖着眼，因为难度太大。比较现成的是漂入海洋的冰山。千姿百态的冰山中又以小型桌状的"板型冰块"为宜。这种冰块说它"小型"，只是相对而言，其实却是庞然大物。它们一般宜于长途拖运的是长2～3千米，宽度最好是长度的1/4，平均厚度为200～250米。至于它的规模，打个比方说，约有北京长安街上北京饭店四五倍高，长度约为从天安门到北京饭店，宽度要比天安门广场还大。这样的冰山浮在海洋上像一艘超级航空母舰，它的海面部分几乎有北京西郊的14层楼那么高。物色这样的冰块可借助于现代化技术，通过雷达追踪，红外线探索，辐射测定和飞机空中摄影，或者利用近极轨道的人造卫星等。

如此巨大的冰块要让它按照一定的路线"搬家"，确非等闲之功便能奏效。为此专家们曾设计过三种方案；其一，用航标似的浮具围住冰块，再用船只在前拖曳；其二，用航船直接顶在冰块后面推送；其三，在冰块上装置发动机，像机动的冰船那样让其乘风破浪开动前进。但看来后两种方案均不现实，人们大致倾向于第一种办法，用浮具减少冰沉力，然后用大型远洋船只拖曳。据计算，像上面所讲的那种规模的冰山，只要用类似28万马力的美国"企业"号原子航空母舰1/3的动力便可拖拉自如了。

从南极拖运冰山，智利要比沙特阿拉伯更具有利条件。智利北部安托法加斯塔市距离南极大陆东海岸大约6 700多千米，如果考虑到途中种种不利的自然因素（如海上飓风、逆浪和地球自转偏向力）的阻挠，以每小时1 000米的速度前进，那么有280天即可抵达目的地。因为洋流由南极向北流去时，智利的海岸线是必经之地，运冰时正可以借助这股自然力，来它一个顺水推冰舟。从南极到沙特阿拉伯腹地沙漠，比到智利北部旱区要遥远得多。南极洲西部到非洲之角就有3 700千米的距离，再到位于沙特阿拉伯红海沿岸中部港口吉达则有两三倍的路程。南极冰山运到这里必须"过五关"。海浪关、阻力关、温差关、海峡关和输送关。

第一关是海浪关。冰山离开极地，从南冰洋进入印度洋，因为纬度和气候的变化，经常会有险风恶浪产生。海浪的侵蚀作用十分巨大，远航的海员都有经验，浪舌经常像尖刀一样刮着航船厚厚的钢板，并以无情的碰撞力扑击着船体，一次远航之后船体外壳往往被剥蚀得很厉害，有时甚至变形，冰山的遭遇当然会更严重一些，海浪会不停地啃噬它，搏击它，使它出现很多沟槽和洞穴，体重逐渐减轻，甚至面临解体的危险。

第二关是阻力关。阻力来自多方面，主要是风浪、洋流和偏向力。南冰洋上气候多变，一会儿刮东风，一会儿刮西风。进入印度洋后也常有恶劣天气，猛烈的飓风掀起滔天的巨浪，或形成涡流，给冰山运输带来极大困难。由于风从西来，南冰洋表层水流主要是向东向北，到了印度洋内又与温带的逆时针方向的环流会合，这股环流由南赤道流、莫桑比克暖流、西风漂流和西澳寒流组成。再往北就进入北印度洋的"季风洋流"带：冬季海水向西南流动，夏季向东北流动。到阿拉伯海后又受热带气候的影响，使洋流继续发生重大变化。这种变化不定的洋流流向会使冰山的远航经过曲折的路线，实际上因为走"冤枉路"而增加了好多距离。但有时作用于冰山上的最大阻力却来自地球自转时产生的偏向力。这种以19世纪法国数学家克里奥利命名的自然力——克里奥利力，会使冰山的前进方向产生严重的偏差。因此冰山前

DIQIU JIDI REN WO XING

进时必须保持相应的角度，以便克服"克里奥利力"的捣乱。

第三关是温差关。冰山漂移在万里迢迢的航程中，从极地的寒带经过温带，最后进入热带。由于气候发生剧烈变化，巨大的冰山即使表面具有极强的反射力能把一部分阳光挡回去，或者北运时在它表面盖上一层尼龙罩布，避免冰体与阳光、空气直接接触而迅速蒸发。但它毕竟还是大量融化，体积不断缩小。到了沙特阿拉伯沿岸大概要损失 50% 左右。即使如此，它的费用还要比海水淡化的成本节省一半以上。

第四关是海峡关。冰山要从阿拉伯海进入红海，必须经过曼德海峡。曼德海峡两岸相距只有 26.5 千米，而且在这狭窄的通道上不是处处都能畅通无阻的。物色冰山时它的高、长、宽度必须有所选择便是这个缘故。要是太高大了便容易搁浅而挤不进去。

第五关是输送关。冰山进曼德海峡，到了吉达近岸就可以说已基本"大功告成"，但如何把巨大的冰山化成淡水输入内地却又是一个伤脑筋的问题。有的专家主张用激光把冰山切割成块装包递运；有的主张在靠近吉达港海岸4 千米外的红海海面，或者干脆不进曼德海峡就在亚丁湾公海上就地人工融化，使冰山本身形成一个冰冻贮水池。做法是先设法融解中间部分，并保留其外壳。因为融解后水的体积要小于原来的冰体，它就自然积存在外层冰壳之中而不致外溢。然后立即用水泵抽上岸去，通过管道设备或直接利用原有的饮水系统输往首都利雅得或其他缺水地区。这种贮水池冰层外壳漂浮在海面不能为时过长，不然就会大量融解流失。但只要不失时机地妥善处理，这部分融水也可以抓紧汲取。一则因为它是淡水，密度要小于海水，会浮在上面；二则，南极净水与备受污染的混浊海水成分不同，一时不易混杂。

据智利专家估算，用这种取冰化水的方法，为北部旱区提供居民饮水和10 万公顷农田灌溉用水，大概只需花费 6 000 万美元，这种饮用淡水既干净又爽口，而且比海水淡化要少耗资 3/4 以上。真可谓：借得南极水，化为北漠霖。何愁五关难？逍遥万里饮。

科学家早就注意到南极冰盖对整个地球的巨大影响。有人估计，南极冰盖全部融化成水，平铺在世界大洋的洋面上，能使整个地球的海平面上升60 米。

这是怎么估算出来的？南极冰盖的面积是 1 200 万平方千米，相当于地球海洋面积的 1/32。因为冰的体积要比水的体积大，所以大约每融化 34 米厚的冰层，海面就要上升 1 米。以南极冰盖平均厚度 2 000 米计算，全部融化以后，海水就会上涨 60 米。如果海水上涨 60 米，它的结果真会是灾难性的：世界上几乎所有沿海港口都将被淹没，整个世界的面貌也将发生巨大变化。

还有另一个可能发生的变化。地球的外面是一层像鸡蛋壳似的外壳。地壳之下是具有一定可塑性的地幔。两千多万立方千米的冰盖长期压在南极地壳上，势必造成南极地壳下沉。冰盖一旦消失，地壳还会慢慢地升上来。有人甚至计算过，它可能会上升 600 米。同时，南极大陆四周的大陆架也会相应上升。

科学家这样的猜测，当然并不是凭空瞎想。在过去的一二百万年的第四纪地质年代里，就曾多次发生过这种情况。那时候，北美北半部、欧亚大陆的北半部都积压着几千米厚的冰层。冰期过后，巨大的冰体融化成水，大陆又重新升起。据有的材料介绍，当时北欧最大的冰盖中心在斯堪的纳维亚半岛，冰盖融化后就开始上升，到现在已经抬升了 200 米。北美的最大冰盖中心也有大面积抬升，这种抬升到今天也没有完结。

1998 年年初，受全球厄尔尼诺异常气候的影响，中太平洋的许多岛国都经历了一次大水荒。原来常年多雨的中太平洋地区当时变得干旱少雨。在有山有河的大岛上，河流萎缩、水库干涸，连椰子树都成片枯死了。这使城市自来水供应严重不足，原先的 24 小时供水不得不变为分区轮流定时供水，有时一天仅供 2 小时自来水，有时不到 1 小时，如此坚持了三个多月。总算度过了最干旱的困难时期。那时候，在面积较大的海岛上，还能找出地下水来解渴。但在一些面积不足 0.5 平方千米又有人居住的小岛上，问题就严重了。这些珊瑚礁岛的地下略深处就是苦涩的咸海水。如果降雨丰富，因为淡水密度较轻，就会浮在岛下沙土中的海水面之上，形成一个"淡水透镜体"。连续三个月的基本无雨让小岛上的淡水透镜体几乎耗尽了。于是政府只好组织运输船，从大岛上运一部分未经处理的河水（不是自来水厂的水源，无法由自来水厂作水处理）。这时美国的联邦紧急救助委员会捐赠了几台海水淡化机器。岛国政府把机器装在运水船上，一边烧汽油使机器工作，将从海里抽上来的海水淡化成淡水后装在船中。同时船就在那些小岛间不停地航行，将途中制得的淡水卸到一个小岛后，再往下一个小岛驶去……

鉴于地球上人们对淡水资源的浪费和污染，地球上可供饮用的淡水资源逐渐减少。因此科学家们早就想到了将来解决地球上人们度水荒的一个办法。那就是去南极或北极拖运冰山。这个办法不可能普遍适用，但对有的地方来说，又是可行之策。

如果用最大的轮船来载运南极或北极的冰块作为淡水水源，那是绝对不经济的。因为一次最多能载运几十万立方米。拖运冰山则可以多多益善。虽然拖运时冰山表面会有融化损失，但是冰山的个体越大，损失就相对越小。世界上发现的最大冰山的水量就有16万亿立方米。北京市1 200万人口加上工农业用水一年消耗的清洁水量约50亿立方米。所以那座大冰山够北京享用3 200年。

怎么拖运冰山呢？冰山的来源可以就地选材。从南、北极天然的几十万座冰山中完全可以来个优选。拖运和保护的方法倒可以加上高新技术的运用。比如将冰山的前锋切削成流线型，冰山的后尾可以安置火箭助推器，运程中用卫星定位系统监测并发布预报，使拖运航线上的船只避让。还有到港或近港后的淡水（冰）采集方法可以用激光切割，或海上平台加工传输等。真正到了缺水成为严重威胁时，相应的拖运实施办法肯定能更趋完善。

世界上一些淡水不足的国家，特别是非洲一些干旱的国家，以及澳大利亚、智利、巴西等南半球国家，都在研究开发利用南极冰山的可能性与技术方法问题。1973年，威克斯和坎贝尔两人探讨了运输冰山到世界缺水地区的设想。1977年，第一届国际冰山利用会议在美国衣阿华州立大学召开，从而将冰山拖往世界干旱地区利用的研究工作受到人们的重视。这次国际会议是由几个组织共同主办的，其中包括美国国家科学基金会和沙特阿拉伯的费萨尔国王基金会。沙特阿拉伯的穆罕默德·费萨尔王子为进一步促进关于利用冰山作为淡水资源的可行性的研究工作，于1977年由沙特阿拉伯提供资金，法国提供技术知识而联合创立了世界上第一个开发利用冰山的商业性企业——国际冰山运输公司。与此同时，他们还设立了一个国际性非营利研究基金会——冰山未来利用基金会，以鼓励科学家对有关冰山的形成、挑选、运输和全部利用等问题进行研究。

正如威克斯和坎贝尔两人所提出的那样，要把南极冰山作为淡水资源开发利用，有几个最关键的技术问题需要解决。第一是冰山的拖运问题，长达十多千米、宽两三千米的冰山，要从南极洲沿海经过强风暴区和浩瀚的大洋拖至非洲或南美洲，要不使冰山随波逐流或随风漂移，还要使它在拖运过程中不发生崩裂和尽量减少融化，这就需要很大马力的拖船才能实现。有的科学家甚至设想，把动力设备和导航仪器直接装在冰山上，把冰山驾驶到目的地。第二是冰山的水下部分很大（一般冰山水上、水下部分之比为1∶4～5），一座水面高 60～70 米的冰山，其水下部分常达 200 米以上，这种冰山是无法拖运到缺水国家的近海岸的，因为那儿的大陆架深度一般小于 200 米。即使能把冰山运到近海岸，如何从冰山上取淡水也是个问题，不然在气温高的非洲和南美国家海岸，冰山会很快融化掉的。

据专家们研究，在千姿百态的南极冰山中，平台状冰山是最适于用拖的方式来运输的。而平台冰山集中的主要地区是艾默里冰架、罗斯冰架和菲尔希纳冰架。威克斯和坎贝尔两人认为，罗斯冰架和菲尔希纳冰架是运往非洲西南岸纳米布沙漠的最佳冰山来源地。艾默里冰架是运往澳大利亚的最佳冰山来源地。

虽然，开发南极的淡水资源比开发南极的矿产资源前途乐观，但是，实施拖运冰山计划所付出的投资和代价，又使人们望而生畏。有人对沙特阿拉伯的一个拖运冰山计划进行了预算，其费用约 100～500 亿美元，这样大的一项投资，不下大的决心，是难以实现的。

由于现实问题和巨额投资的困难，到目前为止，开发南极的淡水资源还只停留在"纸上谈冰"的阶段，还没有一个国家把拖运工作做的很完善。但是，随着现代科学技术的飞跃发展，随着世界淡水资源的需求量与日俱增，且许多地方污染程度加快，完全可以相信人类开发利用南极冰山淡水资源的日子不会太远了。

综上所述，可以看出，在南极资源中，除了南大洋的几种生物资源已经成了人类的盘中餐和囊中物之外，无论是近海的油气还是大陆的矿产，在很大程度上都还只停留在想像之中。虽然铁、煤和淡水等确实具有相当可观的储量，但要真正加以开发利用，也决非一件容易的事，更不用说近期用来造福于全人类了。

**知识点**

### 雷 达

雷达是英文 radar 的音译，是 Radio Detection And Ranging 的缩写，意为无线电检测和测距的电子设备。雷达所起的作用和眼睛和耳朵相似，它的信息载体是无线电波。事实上，不论是可见光或是无线电波，

在本质上是同一种东西，都是电磁波，传播的速度都是光速，差别在于它们各自占据的频率和波长不同。其原理是雷达设备的发射机通过天线把电磁波能量射向空间某一方向，处在此方向上的物体反射碰到的电磁波；雷达天线接收此反射波，送至接收设备进行处理，提取有关该物体的某些信息（目标物体至雷达的距离，距离变化率或径向速度、方位、高度等）。各种雷达的具体用途和结构不尽相同，但基本形式是一致的，包括发射机、发射天线、接收机、接收天线、处理部分以及显示器。还有电源设备、数据录取设备、抗干扰设备等辅助设备。

## 延伸阅读

### 给冰山装上氟利昂发动机

有一位名叫约瑟夫·卡罗的美国发明家声称，他能够有办法把冰山运到世界各地，既不要船只，也不要燃料。他的办法仅仅是充分利用冰山与其周围海水温差所产生的动力。我们知道，海水的温度一般来说要比冰山的温度高出十多度，这样的温差足以把液态氟利昂改变成气态氟利昂。氟利昂从液态变为气态时，产生巨大的压力，从而驱动发动机。氟利昂气体又可以通过导管送入冰山内部，使它还原成液态氟利昂。这样，氟利昂可以不断地循环使用。装上氟利昂发动机的冰山，便可像海船一样，根据人的意志航行到目的地。

## 北极的矿产资源

北美洲大陆西北部的阿拉斯加，是美国最大的一个州，面积150万平方千米，其中1/4的土地位于北极圈以北。

过去阿拉斯加这块冰雪覆盖的地方因为寒冷荒凉，曾被人称为"大冰箱"。19世纪末期，在阿拉斯加发现了金矿，20世纪60年代末，在阿拉斯加北冰洋海岸，又发现了当时美国最大的油田——普拉德霍湾油田。经过十余年开发，1978年普拉德霍湾油田的原油开采量，已经达到年产6 000万吨，成为美国年产量最高的油田。

为了满足开发普拉德霍湾石油和天然气的需要，1977 年，美国建成了一条横贯阿拉斯加南北的输油管道。这条输油管由普拉德霍湾向南，穿过崇山峻岭一直伸向阿拉斯加湾，最后到达不冻港瓦尔德兹，全长 1 280 千米。

**普拉德霍湾石油**

在阿拉斯加这样寒冷的地区修建输油管道，是很不容易的。

油田地处北极圈内，寒冷的气候条件，使普拉德霍湾油田喷出的原油很快凝固。原油不能流动，也就无法用输油管向外输送。为此，科研人员采取了一种新技术，叫"冷原油加海水乳状液输送系统"；并用化学方法处理天然气，使它变为甲醇，甲醇是一种无色有机液体，使它与原油一起，通过千余千米的输油管道，源源不断地向瓦尔德兹港输送，再用油轮运往美国本土。

除了黄金、石油之外，阿拉斯加还有一些其他矿产以及丰富的水产和森林资源。现在，阿拉斯加已经不再是人们眼里那个没用的"大冰箱"，而是一颗闪闪发光的"雪中宝石"了。

为了既开发阿拉斯加丰富的自然资源，又保护当地的自然环境及保持自然生态平衡，1979 年 5 月，美国决定在阿拉斯加开辟国家公园区、野生动物活动区、国家森林区和风景区，还规定在一些重点地区，不得兴办企业，甚至不准机动车驶入。当遮盖着北极地区的雪白"面纱"被揭开之后，人们发现，北极地区并不是一块不毛之地，而是在冰雪罩盖下储藏着丰富矿产资源的巨大宝库。

石油和天然气是北极地区重要的矿产资源。近几十年来，北极许多地方的建设开发，都与石油和天然气的勘探开发联系在一起。

在阿拉斯加北部、加拿大西北部以及俄罗斯西伯利亚北部，都有蕴藏量十分丰富的油田和天然气田。

美国壳牌石油公司 1978 年估计，阿拉斯加北部储地和沿海大陆架的石油潜在储量约为 47.9 亿吨，占美国石油剩余储量的 1/2；天然气储量为 26 600 亿立方米，占美国天然气剩余储量的 1/3。加拿大北极群岛的原油储量，约有 29.7 亿吨。20 世纪 60 年代后期，前苏联在北极地区开展了大规模的石油普查勘探，发现了著名的秋明油田。那里的天然气储量达 18 万亿立方米，原油储量超过了美国阿拉斯加的石油储量。

为了开发北冰洋海域的石油资源，挪威专家成功地设计了一种海上浮动冰山钻井平台。这种钻井平台的台面不是钢铁，而是巨大的冰块。建造这种平台，是先从高大的冰山上切下一块长宽各 200 米、高 60 米的冰块，再在这巨大冰块的周围和要安装设备的部位上，用水泥或钢筋混凝土加固。然后，把钻井设备安装在冰块上。

这种用冰山制造的钻井平台，造价低廉，耗资仅为传统钻井平台的 1/5。新式钻井平台的应用，将有力地推动极地海域石油的勘探开发。

除了石油、天然气之外，在北极地区还蕴藏着丰富的煤、铁、铀、铜、锌等矿产。

斯瓦巴德群岛的煤炭总储量有 80 亿吨，年总产量达 100 万吨。

格陵兰岛是个资源丰富的宝岛，厚厚的冰盖下面，藏着不少宝藏。最主要的有煤、铁、铀、冰晶石等矿产。在格陵兰首府戈德霍普东北部发现的一处铁矿，蕴藏量为 20 亿吨，是目前世界上少有的大铁矿之一。含铁量为 38%，目前开采规模还不大。在格陵兰南部克瓦内菲耶尔山发现的一个大铀矿，蕴藏量约 20 万吨，每吨矿石含铀约 300 克。

北极地区丰富的矿产资源为人们提供了大量的能源和工业原料。科学和技术的进步，也必将给北极地区带来新的更快的发展。

随着北极地区资源开采可能性的增大与新航道的开辟，各国在风险中"嗅"到机遇，让北极这片寒地正成为"热土"。近年来，北冰洋沿岸国家动作不断，纷纷提高北极战略在其国家战略中的地位。例如，北极航道的利用和管辖问题已在北极争端中占据了突出位置。由于北极航道具有潜在的经济和地缘战略价值，北极圈八国（美国、加拿大、俄罗斯、挪威、芬兰、冰岛、瑞典及丹麦）通过各种手段以强化对这一航道的管辖和控制权。

2007 年 8 月，俄罗斯在北冰洋海底插上俄罗斯国旗，引发其他北极圈国家不满。此后，有关国家纷纷派出自己的科考队驶向北极，或在北极地区进行演习等宣示主权。有记者再度向挪威外长提及此事，他表示："早在 1911 年，挪威探险家罗纳德·阿蒙森就到达南极并在南极插上挪威国旗，但那并不表示，南极就是挪威的。"

### 知识点

**阿拉斯加**

阿拉斯加位于北美大陆西北端，东与加拿大接壤，另三面环北极海、白令海和北太平洋。按地理区划可划分为西南区、极北区、内陆区、中南区和东南区。在 1959 年 1 月 3 日，成为美国第 49 个州，面积为 152 万平方千米，占全国面积 1/5，是美国最大的州。

在阿拉斯加白令地区，每年 5 月 10 日太阳升起后在随后的 3 个月里将不再落下；而每年 11 月 18 日日落之后当地居民将有 2 个多月看不见太阳冉冉升起。在美国 20 座最高的山脉中，有 17 座位于阿拉斯加，包括北美最高峰麦金利峰。

### 延伸阅读

**美国购得阿拉斯加**

打开美国地图，你会发现在美国本土之外，隔着加拿大还有一块广阔的美国"飞地"——阿拉斯加。在 1867 年之前，阿拉斯加属于俄国。沙俄为什么要卖掉阿拉斯加呢？1741 年，俄罗斯探险家白令发现阿拉斯加，俄罗斯宣布拥有阿拉斯加主权。阿拉斯加位于北美大陆西北端，1/3 的面积位于北极圈，气候严寒，年平均温度在零度以下，因人烟稀少，纳入版图 100 多年来阿拉斯加没有为俄国带来任何金钱贡献，反倒要贴钱派驻军队。

从 1853 年到 1856 年，沙俄在克里米亚战争中受到英法联军沉重打击，

国库几乎被军费洗劫一空。所以在美国南北战争期间，俄国遭遇财政危机的沙皇亚历山大二世决定把不挣钱的不毛之地阿拉斯加卖给盟友美国，他派特使到美国暗示美国人，由后者要求俄国出卖阿拉斯加。据说，为了让美国人觉得物有所值，俄国花了10万美元贿赂、收买美国的新闻记者和政治家，由他们说服美国国会"慷慨解囊"。

俄美于1867年3月30日正式签订购买阿拉斯加的条约。阿拉斯加总面积达151.88万平方千米，720万美元的售价占美国当年一年支出的2.6%，相当于每平方千米4美元74美分。

## 北极食物资源丰富

### 渔产丰富待开发

有"冰窖"之称的北冰洋海域，曾被人们认为是海洋中的"不毛之地"。实际上，这里的渔产非常丰富。特别是挪威海、巴伦支海南部及格陵兰海的东部，因为受到北大西洋暖流的影响，水温较高，海洋生物比较多。尤其是暖流和寒流接触的地带，浮游生物和鱼类最丰富。

巴伦支海是北冰洋里鱼类资源特别丰富的海区之一，海洋鱼类至少有150种。来自北大西洋的暖流，在这里与北极寒冷的海水混合，使海面终年不冻，构成了浮游生物和海底生物大量繁殖的环境。在沿海地区，生长着大量的海藻。这些海藻、浮游生物和海底生物，都是鱼类最喜欢吃的食物，巴伦支海为鱼类繁衍提供了良好的自然条件，吸引着大量前来觅食的鱼群。

在辽阔的巴伦支海海面上，终年都能看到来往如梭的渔船。在丰收的年景，一条船一年能捕获6 000多吨鱼，主要是鳕鱼、鲱鱼……

鳕鱼是生活在海水底层的一种鱼，繁殖力很强。鳕鱼的肉中，脂肪含量不

西伯利亚北部

高。脂肪都集中在肝脏里面了，平均 500 克重量的肝里，就含有 100 多克的脂肪。从鳕鱼肝中提炼出的鱼肝油，含有丰富的维生素 A 和维生素 B。

在西伯利亚北部的北冰洋海区，还发现了一些新的鱼种，这些鱼能适应那里既寒冷又被大量注入的河水淡化了的海水环境。主要的鱼种有北极鳕、骨突鳕和白鲑等。

西伯利亚各海域鱼的总捕获量虽然不如巴伦支海多，但这里出产的鱼，品种比较珍贵。这里每年捕获的白鲑，占世界鲑鱼捕获量的一半以上。

生活在北冰洋海域的鱼类，具有独特的抗寒能力。加拿大科学家深入研究了北极比目鱼之后，发现了其中的奥秘。

原来，北极比目鱼每年从 11 月开始，在血液中产生一种叫做络合防冻多肽的蛋白质。这种物质在血液中能把刚刚出现的微小冰晶紧紧抓住，不让冰晶在体内发展，保证体液在 0℃ 以下仍处于流动状态，避免细胞因冰冻发生伤害。可降低鱼血液的冰点，使比目鱼在冰凉的水中，依然游动自如。

比目鱼

科学家们还发现，这种络合防冻多肽在血液中的含量，随气候冷暖变化而不同。1～2 月份是北极地区最冷的季节，海水温度也最低。这时，鱼体内的络合防冻多肽的含量，也达到最高峰。4～5 月份天气渐渐变暖，海水温度逐渐上升，这时鱼体内血液中的络合防冻多肽就会慢慢消失。

不仅是比目鱼，在寒冷季节，大多数极地鱼类都能在血液和淋巴液中产生这类蛋白质的防冻液。

人们预料，揭开极地鱼类的防冻之谜，无疑是有利于防冻技术发展的。

## 蔬菜瓜果味道鲜

在严寒的北极地区能不能种植粮食、蔬菜呢？有些国家在这方面正进行着种种探索试验。

曾经有俄罗斯人经过长期的努力，把种植谷物的最北界线，推进了北极圈。

瑞典有位种植主，名叫贡纳尔·海塔拉。他高兴地跟来访者说："在瑞典，哪儿的黄瓜都比不上北极圈里的长得好！"

海塔拉住在瑞典北博顿省一个叫厄弗托内奥的小镇上。这个小镇靠近芬兰，在北极圈以北。他在小镇的郊区，搭起 5 000 平方米的暖房，年年种植黄瓜。他种的黄瓜，从开花到长成 0.5 千克重，前后只要七八天时间。而在瑞典南方的斯科纳，同样在暖房里，却大约需要两个星期。

同样是种在暖房里的黄瓜，为什么在北极圈里的倒长得好呢？

海塔拉解释说："黄瓜的生长要求充足的阳光，极地之夏，太阳终日不落，暖房里温度高，又有充足的阳光，所以黄瓜生长得特别茂盛。而且，这里生长的黄瓜，比瑞典南方的黄瓜味道更美，色泽更鲜。"

海塔拉在北极地区种植蔬菜，已有 50 多年，每年生产黄瓜 50 吨。

当前，海塔拉正实施他的宏伟计划，把暖房的总面积扩大三倍，生产更多的蔬菜。他说，所有蔬菜在这里都能种植，比如小萝卜、莳萝、欧芹、胡萝卜……今后，海塔拉准备向南方"出口"黄瓜。

瑞典是个进口蔬菜的国家。几年以后，北博顿省的蔬菜可以自给有余，还有可能向南方各省供应洋白菜、胡萝卜等容易储存的蔬菜。

为充分利用极地夏季日照时间长的优点，从 1978 年起，瑞典当局开始在北极圈里的国土上，推广种植浆果和草莓。到 1985 年种植 300 公顷，年产量至少可以达到 1 000 吨。北博顿省将变成瑞典最大的浆果种植区。

**➡ 知识点**

### 维生素

维生素又名维他命，通俗来讲，即维持生命的物质，是维持人体生命活动必须的一类有机物质，也是保持人体健康的重要活性物质。分为脂溶性维生素和水溶性维生素两类。前者包括维生素 A、维生素 D、维生素 E、维生素 K 等，后者有 B 族维生素和维生素 C。维生素在体内的含量很少，但不可或缺。各种维生素的化学结构以及性质虽然不同，但它们却有着以下共同点：①维生素均以维生素原的形式存在于食物中。②维生素不是构成机体组织和细胞的组成成分，它也不会产生能量，它的作用主要是参与机体代谢的调节。③大多数的维生素，机体不能合成或合成量不足，不能满足机体的需要，必须经常从食物中获得。④人体对维生素的需要量很小，日需要量常以毫克或微克计算，但一旦缺乏就会引发相应的维生素缺乏症，对人体健康造成损害。

## 延伸阅读

### 维生素的发现

维生素的发现是20世纪的伟大发现之一。1897年，艾克曼在爪哇发现只吃精磨的白米即可患脚气病，未经碾磨的糙米能治疗这种病。并发现可治脚气病的物质能用水或酒精提取，当时称这种物质为"水溶性B"。1906年证明食物中含有除蛋白质、脂类、碳水化合物、无机盐和水以外的"辅助因素"，其量很小，但为动物生长所必需。1911年卡西米尔·冯克鉴定出在糙米中能对抗脚气病的物质是胺类（一类含氮的化合物），只是性质和在食品中的分布类似，且多数为辅酶。有的供给量须彼此平衡，如维生素 $B_1$、$B_2$ 和 PP，否则可影响生理作用。维生素B复合体包括：泛酸、烟酸、生物素、叶酸、维生素 $B_1$（硫胺素）、维生素 $B_2$（核黄素）、吡哆醇（维生素 $B_6$）和氰钴胺（维生素 $B_{12}$）。有人也将胆碱、肌醇、对氨基苯酸（对氨基苯甲酸）、肉毒碱、硫辛酸包括在B复合体内。

## 冰雪的各种用途

人们在日常生活中对天然冰的需求和利用越来越迫切和普遍。糖醋刨冰是物美价廉的消暑冷饮；交际场中碰杯畅饮的威士忌如果没有冰块就会喉头冒火；而冰川冰由于晶体中含有气泡而成为冷饮佳品，它在杯内溶解时会像汽水一样吱吱冒泡，喝起来别有风味；在医院的临床操作中靠冰的帮助做低温手术已经应用到断肢和脏器等的移植；在缺乏冰箱和其他冷冻设备的地方，

冰镇就是盛暑保藏食物和某些药品的绝妙手段……由于制冰工业和冷库设备的高昂代价，驱使某些临近冰川的国家直接从冰川上采用天然冰，不仅耗资低，而且纯度大。北极附近的因纽特人善于就地取材将当地的积雪和冰砖围砌成像蒙古包那样的冰窑雪屋。那些能工巧匠只要一把长刀用大块冰砖团团堆砌，不消多时便能筑成一座御寒防风的小小"广寒宫"……

南极冰雪

然而，由于世界上某些国家和地区淡水水源缺乏，不消说那酷热腾腾的浩瀚沙漠和衰草离离的草原牧场，都虔望大量水源，以解长年之渴；就是那耕作频繁、井渠纵横的平原沃土和高楼林立、车水马龙的繁华市区，也因为无节制地灌溉，不停顿地抽汲，使河渠干涸、深井枯竭，以致人龙争水，土地龟裂。干旱严重的灾区则是哀鸿遍地、饿殍盈郊。

具体说来，冰雪的用途除了作为淡水资源外，主要表现在以下几个方面：

## 一、制冰工业

赤日炎炎的夏天，当你为了生存孜孜不倦、努力拼搏的时候，一杯冰饮，顿时会使你感到心旷神怡。

从东海之滨到天山西陲，远隔千山万水。但是我们在伊宁市场上，可以看到金光灿灿的保鲜的黄花鱼，这就是靠冰的帮助，不远万里运输到那儿的。

我们看过电影《断肢再植》，深深被我国医务工作者的高超手术技术吸引了。而这里面也有冰的功劳，断肢依靠冰的帮助，保持在低温下，才能更好地接活。

冰雪的利用已经广泛到使制冰工业成为现代工业的一个部门，几乎每个城市都离不开制冰工厂和冷库。

有些国家冰川离城市很近，人们从冰川上直接采用天然冰，或直接在冰川上修建冷藏库。墨西哥有一家啤酒厂，每年需用几千吨冰，主要从冰川上搬冰。玻利维亚首府拉巴斯，东南方向 50 千米就是高耸的伊利马尼山（6 882米），商人用汽车从冰川上拉冰，运到市场出售。格陵兰每年向环境严重污染的美国，大量出口纯洁的冰川冰。纯洁的冰川冰是一种物美价廉的冷饮料，由于冰中含有压力很高的气泡，放入冷饮杯内会像汽水一样劈啪作响。

## 二、冰道运输

冰道运输是航运在冬季封冻后的继续和发展。封冻限制了内河航运，却为冰上运输创造了有利条件。除了天然冰道外，还可以人工铺设冰道。

我国东北和华北，每年冬天经冰道运输的货物是不少的。趁冬季农闲时节，运送物资，既有利于国家，也有利于发展社会经济。

冬季更是林区的运输繁忙季节。砍伐的木材通过冰雪道从山上滑落到山下，装上爬犁由拖拉机运输到其他地方，是节省人力物力的好方法。

河流和湖泊上的天然冰面，冰厚在 50 厘米以上，汽车、拖拉机，甚至坦克，都能在冰上行驶。但是要注意行车速度，高速前进的车辆震动很大，不坚固的冰容易开裂。

一般类型的汽车，以时速 18～20 千米，拖带 10～15 吨货物，在严冬，通过 50 厘米厚的冰道，是比较安全的。

但是，河道与湖泊的天然冰层差异性是很大的，使用时一定要详细调查和人工养护。因为河流湖泊不是一下子就全封冻的，结冰厚薄不一，甚至有清沟和冰穴。初冬和初春，冰的温度高，强度因而比隆冬时低，其负载能力就差一些。另外，冰的结构不同，强度差别也很大。白色而多气泡的冰，是由冰花或积雪聚集冻结的，密度小，强度低，在上面开辟冰道不太安全；一定要通过时，可以人工喷水冻结加厚冰层。在冰层较薄的地方使用冰道，要铺上木板和铁条，像枕木似地横卧在冰道上，把负荷分配到更广的冰面上去。

## 三、冰雪建筑

格陵兰和加拿大北部的因纽特人，是建筑雪屋的巧匠。建造雪屋，除了长刀一把，不需要其他任何工具。适宜于建筑雪屋的雪，最好是经风吹而变得密实的雪，用刀把它切成肥大的雪砖，一块一块互相挨紧，砖缝之间抹上一层碎雪做灰浆用。这些用雪砖砌成的小屋，是不是"寒宫"一座呢？

让我们来参观一下因纽特人的雪屋吧。不少在北极寒风中冻得四肢发麻的旅行者，一踏进因纽特人低矮的雪屋时，都不约而同地用动人的笔调形容了雪屋的温暖。有的说像沙漠中的游子遇到了清泉，有的说像漂流的海船遇到了大陆。的确，那怒啸的暴风和沁骨的寒冷已留在门外，雪屋中央一堆熊熊的篝火是多么惹人喜爱，篝火旁的北极白熊皮上安详地坐着主人的一家大小，茶壶咝咝地冒着蒸汽，有时温暖得连毛衣也得脱下。此时此刻，旅行者怎么能不赞美雪屋呢？

随着生产建设和科学技术的不断发展，北极圈里出现了新的居民点，出现了新的城市，甚至在夏天还招引了不少人去旅游。因此，把冰雪作为建筑材料使用已日益广泛。

当然，冰雪作建筑材料，有很多缺点。首先是强度低。一般混凝土（不加钢筋）的拉力强度是 2~3 兆帕，压力强度是 20 兆帕；冰的拉力强度为 1.2~1.5 兆帕，压力强度为 3.5~4.5 兆帕；雪就更低了。除了强度低外，冰特别受不了长期的应力作用，哪怕是 1 千克/平方厘米的应力，也会引起永久变形。另一个缺点是怕热，春天一回暖，冰雪做成的工程就无法使用了，滑冰场就是一个例子。

由于这些缺点，限制了冰雪的利用面。所以有人开始研究人工提高冰雪构件的强度和延长它们在暖季的使用寿命的办法。

我们都知道，合金可以提高金属的各种性能。那么合成冰能不能提高冰的性能呢？试验结果表明，是可以提高的。加 15% 的锯末于冰中，冰的拉力强度可提高到 5 兆帕，压力强度提高到 75 兆帕。也有在冰中加钢丝或玻璃丝的，但钢丝不如玻璃丝好，因为金属吸收辐射的能力强，易于在周围形成液态水薄膜。玻璃丝能提高冰的强度达十倍之多，破裂时也不会全面裂开，只有局部裂纹。为了防止冰体的塑性变形，在冰中加些黏土，可以提高抗塑性能。雪除了加水冻结外，不能放置玻璃丝之类的东西。因为雪中掺杂其他东西，压缩时往往造成不均匀的内应力，容易破裂。

由于冰雪强度低，冰雪构件必须粗大厚实才行。飞机着陆，要求淡水冰厚 13 米、海冰厚 1.8 米，才能保证安全。用压缩雪砖或冰砖建筑桥梁或墙垣，都要比砖木结构厚实得多。

## 四、战争中利用冰雪

我国历史上在战争中利用冰雪的故事不胜枚举。

公元 3 世纪的三国时期，曹操在北方进行统一战争，与割据西凉的马超大战于潼关。在战争中曹操军队采用结冰法筑城，立下营寨，渡过渭河，打败马超。史书记载说："时公军每渡渭，辄为超骑所冲突，营不得立，地又多沙，不可筑垒。娄子伯说公曰：'今天寒，可起沙为城，以水灌之，可一夜而成'。公从之，乃多作缣囊以运水。夜渡兵作城，比明，城立。由是公军尽得渡渭。"

公元 8 世纪的唐朝天宝年间，割据河北的军阀安禄山起兵叛乱。叛军在南下时曾利用冬季低温以人工促进河面结冰法强渡黄河。《资治通鉴》上是这样记录的："丁亥，安禄山渡黄河，以败船及草木横绝河流。一夕，冰合如浮桥。"

战争指挥者掌握有关江湖冰冻的科学知识，可利用它来克敌制胜。相反，则会怡误战机，甚至失败。唐朝时在青海湖有一场战争，甲方在湖中的海心山上驻扎数千士兵，以牵制乙方的后路。谁知隆冬青海湖封冻，乙方军队履冰而至，包围甲方孤军，轻易地把数千士兵全部消灭。

**知识点**

### 青海湖

青海湖又名"库库淖尔"，即蒙语"青色的海"之意。它位于青海省东北部的青海湖盆地内，既是中国最大的内陆湖泊，也是中国最大的咸水湖。由祁连山的大通山、日月山与青海南山之间的断层陷落形成。青海湖湖水来源主要依赖地表径流和湖面降水补给。入湖的河流有 40 余条，主要有布哈河、巴戈乌兰河、倒淌河等，其中以布哈河最大。

湖东岸有两个子湖，一名尕海，面积 10 余平方千米，系咸水；一名耳海，面积 4 平方千米，为淡水。在青海湖畔眺望，苍翠的远山，合围环抱；碧澄的湖水，波光潋滟；葱绿的草滩，羊群似云。青海湖周围是茫茫草原，是水草丰美的天然牧场。日出日落的迷人景色，充满了诗情画意，使人心旷神怡。

## 延伸阅读

### 与冰雪有关的诗

### 《白雪歌送武判官归京》

【唐】岑参

北风卷地白草折，胡天八月即飞雪。

忽如一夜春风来，千树万树梨花开。

散入珠帘湿罗幕，狐裘不暖锦衾薄。

将军角弓不得控，都护铁衣冷犹著。

瀚海阑干百丈冰，愁云惨淡万里凝。

中军置酒饮归客，胡琴琵琶与羌笛。

纷纷暮雪下辕门，风掣红旗冻不翻。

轮台东门送君去，去时雪满天山路。

山回路转不见君，雪上空留马行处。

### 《寒梅词》

【唐】李九龄

霜梅先拆岭头枝，万卉千花冻不知。

留得和羹滋味在，任他风雪苦相欺。

### 《观　猎》

【唐】王维

风劲角弓鸣，将军猎渭城。

草枯鹰眼疾，雪尽马蹄轻。

忽过新丰市，还归细柳营。

回看射雕处，千里暮云平。

# 奇异绚丽的两极风光

极地最大的特征是：冬天时在极地几乎看不到太阳，称为极夜；而夏天时就算到了午夜太阳也不会下山，称为极昼。

两极地区是冰雪的世界，冰雪的世界晶莹别透，千姿百态，动静交融，奇妙无穷。

两极地区的海域中，最引人注目的便是漂浮在海上的一座座晶莹别透的冰山。其数量是十分巨大的，南冰洋上的冰山大约就有 22 万座，北极海域的冰山也有数万座。

出现在两极冰雪世界的"蓬莱仙境"、"海市蜃楼"，使极地的景色更加迷人，更加壮观，也为极地倍增了神秘的色彩。

在极地的天空中，存在着大量的微小冰晶体，通过折射、反射太阳光，也会形成变幻无穷的美妙现象"幻日"。

极光是两极特有的一种大气发光现象。极光多种多样，绮丽无比，任何彩笔都很难绘出这种变幻莫测的炫目之光。

## 奇特的极昼极夜

在地球的两极地区，风云变幻无穷，极昼与极夜是两极地区又一奇特的自然现象。

　　住在北半球的人们，一般都有这样的感性知识，即夏天日长夜短，而且越往北越是如此，反过来，冬天是日短夜长，也是越往北越是如此，而且人们总结出春分日那天，北半球昼夜长度相等，春分后，白昼一天天加长，黑夜一天天缩短，到夏至那天，北半球各处白昼最长，黑夜最短，以后，白昼开始变短，黑夜加长，至秋分日时，两者相等，至冬至日时，黑夜最长，白昼最短。大自然就是这样奥妙无穷。

极　昼

　　根据上述的知识，我们不妨来做一些推论。既然北半球春分后白天一天天加长，夜晚一天天变短，而且越往北越是如此，那么，有没有可能在足够高的纬度上，白天长到超过 24 小时从而把黑夜全部挤掉呢？相反，秋分过后，又有没有可能在足够高的纬度上，黑夜长到超过 24 小时而把白天全部挤掉呢？回答是肯定的。这种 24 小时太阳不落或 24 小时连续黑夜的现象，就叫极昼和极夜现象，这种神秘的极昼和极夜的现象，只有在极圈以内的极地才能看到。

　　在南半球，季节与北半球正好相反，因此，南半球极昼和极夜的现象，也与北半球出现的季节正好相反。

　　在北半球，北极圈所在的地方，即北纬 66°33′所经过的地方，夏至日（每年 6 月 22 日前后）太阳 24 小时挂在天边，整天不落，为全白天，即极昼；冬至日（即每年 12 月 22 日前后）24 小时不见日出，整天全是黑夜，即极夜。从北极圈往北，全白天和全黑夜延续的天数越来越长，如在北纬 70°的地方，极昼的天数为 64 天，极夜的天数为 61 天；北纬 75°的地方，极昼延续 102 天，极夜为 98 天；北纬 85°的地方，极昼长达 160 天，极夜也延续 154 天，到北极点，极昼的天数为 189 天，极夜的天数为 176 天，两者加起来正好是一年：如果我们按照平常的习惯，以日落和日出来划分白天和黑夜。那么，北极点的"一昼夜"就等于一年。

南极的变化与北极虽然季节相反，但规律是一致的。如处在南纬 68°30′左右的澳大利亚戴维斯科学考察站，极昼为 47 天，极夜为 48 天。位于南纬 78°的美国麦克默多科学考察站，极昼和极夜的天数分别有 110 多天。南极点上，同样"一昼夜"等于一年。

夏季极昼时，太阳每时每刻都挂在天际，早晨太阳开始逐渐上升，到中午上升到最高点，下午开始回落，到午夜下降到最低点，太阳在天迹走了一个近于圆形的轨道，但始终未落到地平线以下，天天如此，夜夜如此，这真是"人生易老天难老，天天斜阳，夜夜斜阳，半年春色无花香。"

太阳即使中午时上升到最高点，其高度也不大，阳光斜斜地射来，穿过很厚的大气层，太阳好像蒙上了一层薄薄的面纱，在淡淡的云雾后散发着冷清的光华，倒也很像我们中纬度地区冬天早晨的太阳。太阳给大地带来的温暖也是很有限的，无法抵消辽阔的冰原上散发的阵阵寒气，大地依旧是冰封雪冻。

冬季极夜时，成天整夜昏天黑地，不见阳光，在极点附近，需要度过半年时间的无昼日，只有在极光闪耀时，大地才获得片片光辉，闪现极地的壮丽景色，也才能使人感到真实大自然的存在。

南北极这种神秘的自然现象，实在是世界上所有其他大洲中绝无仅有的奇迹。

那么，为什么在地球的南、北极地区会出现这种奇特的自然现象呢？

这是因为，在地球绕太阳公转时，其公转轨道形成一个平面，称轨道平面或黄道面，而地球的自转轴与这个平面之间有一个固定的夹角——66°33′，即地球的自转轴相对于这个轨道平面是倾斜的。更为重要的是，地球在绕太阳公转的过程中，其空中姿势是不变的，也就是说其自转轴始终朝一个方向，因而，在地球绕太阳公转一周时，地轴一段时间倾向太阳，一段时间又背对太阳，由此引起了不同季节地球表面接受阳光的区域的变化。在春分那天，即约 3 月 21 日这天，地球公转所处的位置正好使太阳光直射赤道，地球上受太阳光照的部分与背光部分的分光面通过南、北两极，地球上一切地方昼夜相等；在夏至即约 6 月 22 日那天，地轴倾向太阳，这时，南极地区阴影区最

大，南纬66°33′以内的地区完全见不到太阳，这就是为什么确定南纬66°33′为南极圈的原因（确定北极圈的原理与此相同），而北极地区光照区最大，北极圈内没有黑夜；秋分那天，即约9月23日这天，太阳又直射赤道，地球上各地昼夜相等；冬至即约12月22日那天，地轴背向太阳，这时正好倒过来，南极圈内出现全白天，北极圈内进入全黑夜。实际上，除了赤道以外，地球上到处都存在昼长夜短和夜长昼短的季节变化，我们大家都有体验。在地球的两极地区，昼夜的变化只不过是一种极端的情况，即在昼长夜短时，它把白天从通常的12小时延长到24小时、几天以至6个月，而把夜晚缩短为零；反之，在夜长昼短时，它把黑夜从通常的12小时延长到24小时、几天、以至半年，把白天又缩短为零。

在两极地区进行科学考察，很重要的一条就是要适应两极地区不规则的昼夜变化。我们在中纬度地区，过惯了日出而作、日落而息的生活，而要去适应无尽无休的白昼和漫漫悠长的极夜，有时是十分困难的。极昼时正处夏季，极地周围海区解冻，一艘艘海轮驶来，一架架飞机飞来，给两极考察站送来给养和装备，沟通了整整被冰封雪冻围困半年的科学考察站与外界的联系，加上繁重的科学考察和研究任务，因此，考察队员在夏季是十分繁忙的，极昼也相对好过一些，但也常常感到睡眠和生活不适，即使如此，考察队员们仍然非常眷念太阳和光明，因为太阳隐没地下，漫长的极夜就要开始了。我国南极科学考察站——中山站，位于南纬69°22′，站区极夜时间为54天，1992年，极夜之前最后一次见到太阳是5月23日，那天，许多队员在上午11时爬上站南的山顶，一睹太阳的姿容，灰蒙蒙的天空与逶迤起伏的冰山、冰盖、海冰和雪被交织在一起，月牙似的太阳吃力地将光明透过冰山间隙洒向人群，淡淡的霞光隐约映出地平线的苍茫。转眼间，刚刚露头的太阳又沉入茫茫冰海，漫长的极夜开始了。

无休无止的漫漫长夜，正处在极地的冬季，海上冰封雪冻，陆上狂风肆虐，考察站被冰雪狂风围困，成了茫茫冰原上的一叶孤舟，与外界的有线联系中止了，科学考察活动也被迫全部停止，考察队员们只能躲在室内，聆听那狂风吹起的冰块雪粒敲打厚实钢板房屋发出的沉闷的砰砰声，以及高脚钢架上的房屋在狂风中不停地震颤所发出的吱吱嘎嘎的扭曲声，忍受着严寒和黑暗，加上长期离妻别子、与世隔绝，常常使人产生多思、悬念和各种精神压力，使人感到心情烦躁，空虚无聊，以致食欲减退，体重下降；尤其是漫漫极夜令人意志消沉、情绪低落，或者长时间地亢奋，辗转反侧，难以成眠。

有人不得不整宵看书、饮酒、听唱片以消磨光阴，以致精神疲惫，神情恍惚。这真是"夜夜盼天明，夜夜天不明"啊！

直到 7 月 16 日，中山站才重见天日，那天，队员们冒着零下 32℃的严寒，裹着厚重的防寒服，爬上站区北侧的山顶，贪婪地"吸收"薄日的温暖，但久违了的太阳，仅仅在天边划过一

南极中山站

道低低的弧线，就又很快地沉入了西北方的冰海中。此后，太阳每天出露的时间不断加长，并逐渐地升出地平线，直到 7 月 23 日，中山站才第一次见到完整的日球，中山站的天终于亮了。

### 知识点

## 中山站

中国南极中山站建成于 1989 年 2 月 26 日，以孙中山先生的名字命名。中山站位于东南极大陆伊丽莎白公主地拉斯曼丘陵的维斯托登半岛上，其地理坐标为南纬 69°22′、东经 76°22′。中山站所在的拉斯曼丘陵，地处南极圈之内，位于普里兹湾东南沿岸，西南距艾默里冰架和查尔斯王子山脉几百千米，是进行南极海洋和大陆科学考察的理想区域。离中山站不远处有澳大利亚的劳基地和俄罗斯的进步站。为了确定中国南极中山站的方位，1990 年考察队连续几天支起仪器进行卫星定位，并进行精密的计算。很快，一个两米多高漂亮的方向标竖立在站前。标柱经过了油饰，一段一段红白相间，就像测绘用的花杆。顶部钉着企鹅和熊猫模型，下面钉着箭头状木制标牌，上面写着中山站与祖国各大城市的距离：北京12 553千米、青岛 12 280 千米、上海 11 741 千米、杭州 11 637 千米，等等。

延伸阅读

### 电影《三十极夜》

由大卫·斯雷德执导，乔什·哈奈特和梅利莎·乔治主演的电影《三十极夜》，讲述的是北美阿拉斯加最北端的小城镇里的人们在经历连续30天的极夜过程中与吸血鬼之间的较量。

30天极夜如期而至，黑暗以最快的速度笼罩了整个小镇，可是今年的冬天似乎与以往有所不同，因为它还带来了非人类的特殊生命体——吸血鬼，对于他们来说，可以连续30天的狂欢，简直就像在做梦一样，更何况小镇里还有足够的"食物"。他们以一种残忍的姿态包围了罗巴为数不多的居民，在不受阳光打扰的天然环境下竭尽可能地享受着"美食"。为首的是一个名叫马洛的吸血鬼，这个古老的生物与德拉库拉伯爵完全不同，他拥有着用时间堆积起来的智慧和精明，根本无需对自己的猎物进行诱惑，只需穿着红色的天鹅绒衣服坐在那里，优雅地品尝高脚杯中的鲜血即可，因为他的军团不但能够满足自己的嗜血，还会每天无限量地供给他足够多的食物。连续30天的黑暗似乎永远都看不到尽头，幸存者的数量也在急剧下降，现在仅存的希望就落在了治安长官埃本和他的妻子丝特拉身上了，本来已经形同陌路的两个人只有联起手来，才有可能争取到一丝的希望，保护这个他们共同爱着的小镇，以及镇上的居民，直到阳光重新照耀到这片土地上。

## 奇异多姿的冰雪世界

两极地区是冰雪的世界，冰雪的世界晶莹剔透，千姿百态，动静交融，奇妙无穷。

南极大陆冰盖和北极格陵兰冰盖及许多岛屿上，包含着许多山岳冰川，有的像集水的漏斗，近似椭圆形，称冰斗冰川；有的如一个巨大的盾牌挂在悬崖峭壁之上，叫做悬冰川；有的如一条静静流淌的河流，又像一条白色长龙，尾在山上，头在海中，恰似白龙戏水，这种冰川叫山谷冰川。

两极地区是地球上的主要冰川发育区，有许多山谷冰川，长度一般在几十千米，有的达一百多千米，这些山谷冰川就像一条条河流，只是河中流淌

南极大陆冰盖

的不是水，而是冰，冰川缓缓流动，不断地把大陆冰盖的冰输送到沿海冰架。有的山谷冰川坡度很陡，在冰川上游谷地中，常有陡崖，有的高达 20 ~ 30 米，像河流在河谷中遇到陡崖会形成咆哮直下的瀑布一样，冰川也能从几十米高的陡崖上悬挂下来，形成冰瀑布，好像是奔腾而下的瀑布突然之间冻结在那里，久久注视，仿佛还能听见水流奔腾咆哮的怒吼。冰瀑布在阳光的照耀下，晶莹闪亮，成为非常美丽的天幕。

在大陆冰盖边缘，景色更加迷人，那里有美丽漂亮的冰凌，五光十色、奇异多姿的冰溶洞。

夏季时，大陆冰盖边缘气温可升到0℃以上，甚至达到10℃，冰盖前缘陡坎上的冰雪会部分融化，冰融水顺着陡坎下落，到夜间，气温下降，冰融水在下落的过程中又被冻结，于是形成了冰凌。有的冰凌纤细精巧，成排整齐排列，长 2 ~ 3 米，好像精致的"门帘"；有的冰凌一落到地，皱褶成层，参差错落，又如徐徐拉开的帷幕；有的冰凌从陡坎挂下，短而粗壮，形成大垂冰，很像虎口獠牙，令人望而生畏。多姿多彩的冰凌在大陆冰盖边缘拉上层层帷幕，让人更感奇妙与神秘。

冰洞也是冰雪部分融化的产物。冰洞一般形成于冰川的尾端。它与某些冰井、冰隧道一样，都是极地冰川的一种岩溶现象。所谓岩溶现象，就是水

流与可溶性岩石之间不断发生的以溶蚀和淀积为主的地质作用。我国西南部的广西、云南、贵州等地，岩溶现象十分普遍，波光峦影的桂林山水、石柱参天的路南石林、峰回路转的七星岩、宛若迷宫的芦笛岩等等，都是典型的岩溶现象。两极冰盖前缘奇异多姿的冰溶洞，形成原理与岩溶现象类似，而且其美妙多姿与我国著名的岩溶洞穴比起来，也毫不逊色。

冰盖边缘，往往有许多冰裂缝，夏季白天的冰融水便顺着裂缝流动，在裂缝纵横交错的地方，往往因为塌陷、崩落而形成洞穴；有时冰上冰融水形成的曲折细流沿裂缝潜入冰内，又顺冰内的裂缝继续流动，天长日久，冰融水"精雕细刻"，便在冰内塑造成地下长廊；当冰内河流在冰川末端流出时，便逐渐把冰川尾部冲蚀成为幽深的冰洞。

冰洞有大有小，有长有短，有的冰洞口通道仅宽约半米，只能够一个人侧身而入或爬进洞内，进得洞来，便豁然开朗，好像进入了一个装饰豪华典雅的宴会大厅；有的洞口宽约三四米，足以让人成群而入；有的冰洞很短，仅数米至十几米，有的冰洞或冰隧道很长，可达 1 000 米。进得洞来，让人感觉到如同置身于神话世界里的水晶宫殿一般。洞壁，光滑透亮，仿佛悬挂着大幅的透明帷幔和精美的玻璃雕刻。洞顶，倒挂的冰钟乳，有的像一把利剑从天而降，有的像一串串葡萄随风摇曳，有的像一盏盏吊灯晶莹闪亮，有的像一层层沾满露珠的蛛网，有的像一套套轻薄细巧的玻璃器皿。洞底，滴水成冰，形成冰笋，冰笋或尖若匕首，或大如磐石，冰笋与冰钟乳对接后，便形成了宛若支撑水晶宫殿的大理石柱，也像大海龙宫里的定海神针。置身冰洞之内，让人感到时而峰回路转，时而如入刀丛剑林。如有斜阳入洞龛，洞内更是光彩夺目、五彩缤纷；从洞口往里，光线由明变暗，洞壁的颜色也由蓝变黄或变绿，十分好看。极地冰盖边缘这些景色奇异的冰洞，成了极地考察队员们的游览胜地。

北极地区，在长达几个月、甚至半年之久的极夜里，见不到一点阳光，寒冷异常，到处覆盖着洁白如玉的冰雪。到了北极的"夏季"，太阳虽然只是在离地平线不高的地方转悠，阳光又斜又弱，但白昼很长，是人们进行探险活动的大好时节。

航行在北冰洋上进行极地探险的航船，有时会看到一片片与周围颜色不同的海水，有草绿色的，棕褐色的……这些变色海水的面积并不大，小的仅有几平方米，大的也不过几百平方米。可是，在蔚蓝的海洋中为什么会有这一片片变色的海水呢？不仅海水会变色，在北极地区的冰山、雪海里，也能看到黄色、褐色……各种各样色彩的海冰，红、黄、青、黑、橙等色彩缤纷的彩雪。如果能够把它们汇集起来，真可以说是五颜六色！

在那洁白浩瀚、一望无垠的北极地区，在那万顷晶莹的世界里，色彩缤纷的海水、海冰和雪，为这单调的白色世界增添了光彩。

北极格陵兰冰盖

冰雪皑皑的北极地区，为什么有这些点缀着它的彩色斑点？描绘它们的天工巧匠是谁呢？经过探险家们的艰辛劳动，终于找出了绘制彩色冰雪的天工巧匠们——海藻、地衣、鸟粪、岩屑……

海藻是一种肉眼看不见的单细胞植物。夏季，我们可以看到，一些水池、坑塘里的水常常是绿色的，除去青苔，水还是绿色的，这就是绿色淡水藻类把水映成的颜色。不同颜色的藻类，生长在海里，就会使海水呈现出不同的色彩；有时，它们生长在冰面的融冰水里，融冰水再冻结，冰也会映出藻类的颜色；同样，藻类生长在雪面上，雪也会变色。

适应了北极恶劣环境的藻类，具有耐寒、抗寒的能力，在冰天雪地里照样能生长繁殖。北极的"夏季"，冰雪表面上覆盖着薄薄一层冰雪融解而成的淡水，这就是藻类生长的"水塘"。海洋里则是咸水藻类生长的地方。此外，一些低等植物如地衣，以及岩石的碎屑，有时也能把雪映成黑色或橙色。

有一种海鸟常常到一定的地点停歇。它的粪便颜色发红，因此，成片的鸟粪会使白雪变成红雪。其实，并不是雪的颜色变了，而是雪上盖了一层带色的鸟粪。

在北冰洋中航行时，彩色的冰雪毕竟是不可多遇的现象，而航行时经常见到的，却是那些浮冰、冰山，以及被人误以为是岛屿的巨大冰山。

知识点

## 山谷冰川

山谷冰川又称谷地冰川（谷冰川）、冰河。指沿着山谷运动的冰体。由降落在雪线以上的积雪在重力和压力下形成。具有明显的粒雪盆和冰舌两部分，补给和消融基本平衡。规模较大，长达几千米至几十千米，厚度可达几百米。运动速度较快，每年可达数十米乃至一二百米。运动的性质和方向取决于谷底的坡度。形态多样，可分为单式山谷冰川、复式山谷冰川、树枝状山谷冰川和网状山谷冰川，还有一些特殊的类型。若干冰流汇合，常造成彼此并列或相互重叠的冰川组合。山谷冰川是山岳冰川成熟的标志，具有山岳冰川的各种特性，对周围环境有巨大影响，是冰川工作研究的重点。

## 延伸阅读

### 中国神话中的北极

远古时期发生大洪水，鲧从天帝那里偷来"息壤"为老百姓治理洪水，事业未竟而被天帝所杀。鲧的儿子禹继承父亲未竟之业，在完成治水工程后，大禹便派天神太章用脚步测量大地。太章从东极走到西极，测得长度为23.35万里又75步。大禹又派天神竖亥从北极走到南极，结果与东西距离完全相同。可见人们居住的大地应当是方方正正的，而自己处于四海环绕的正方形大地的中央，即中国。

后来，大禹又亲自去天边探险，顺便开展外交活动。他往东到过"扶桑"，那是太阳升起的地方；他向南到过"交趾"，翻越天气极热的九阳之山，到了"羽人国"、"裸民国"和"不死国"；往西去过西王母三青鸟居住的"三危山国"，见到了只饮露水不食五谷的人；向北到过"令正国"、"犬戎国"，又穿过积石山，到北海拜访了兼任海神与风神的禺疆。大禹告别禺疆后本打算回家，却又在茫茫风雪中迷了路，反倒愈发向北走去，最后竟到了一个叫做"终北国"的地方。这个"终北国"，也许就是我国有文字记载的北极探险的第一次。

## 千姿百态的冰山

　　两极地区，空中、地上均有奇观，两极地区的海域同样也不例外，其中最引人注目的便是漂浮在海上的一座座晶莹透亮的银山。说它是山，它确实有小山似的气势和规模，但它又不是由岩石组成的，而且没有"根"。很显然，只是组成它的物质比海水的密度小，它才能漂浮在海面上。这种物质不是别的，便是冰。漂浮在海面上的座座银山，原来是冰山。

　　漂浮在两极海域上的冰山，数量是十分巨大的，南冰洋上的冰山大约就有22万座，北极海域（主要是北冰洋各边缘海）的冰山也有数万座，总体积约达20 000立方千米以上。冰山的规模大小相差悬殊，有的冰山长、宽均只有几十米或几百米，厚十几米，但有的冰山长可达30～40千米，最长的冰山可长达180千米，厚度可达100～200米，俨然是一座气势雄伟的大山；冰山的面积有的不足1平方千米，有的几平方千米，有的可达几十到几百平方千米；冰山的高度取决于它的总厚度，它露出水面的高度约占总厚度的1/4～1/5，一般为20～50米。

　　冰山在海上长期漂流的过程中，由于受到海浪冲蚀、海水融蚀、风吹、淋溶等作用，也使冰山的外貌千姿百态，一般可分为平坦型冰山或称桌状冰山和破碎型或称尖头状冰山两种。桌状冰山顶部较平坦，长度和宽度都较大，一般高出海面十几米到二十几米。其中一种面积很大，可达数百平方千米，表面平坦，呈慢坡状，露出水面10～20米，称冰岛。如1948年前苏联飞行员在北纬85°40′、东经140°50′的地方发现了一个长达32千米、宽28千米的大型冰岛。在18～19世纪，探险家们常常因为发现了北冰洋中的陆地或岛屿而兴奋不已。但这些陆地或岛屿常常虚无飘渺，神秘莫测。后来，人们才逐渐搞清，北冰洋中部和北极海域中根本不存在陆地和岛屿，早期的探险家们是把冰山和冰岛错误地当做陆地和岛屿了。

　　破碎型冰山或称尖头形冰山，嶙峋险峻、姿态多样，有的像城堡，有的像金字塔，有的像各种动物，有的似月洞，有的尖如角锥等等。这种冰山的规模一般比前一种要小，但数量十分巨大。

　　千姿百态的冰山，漂浮在碧蓝的洋面上，在阳光的照耀下，洁白如玉，

十分迷人。

那么，冰山是从哪里来的，又要漂到哪里去呢？

数量庞大的冰山，是从它们的"母体"上分离出来的，它们的"母体"就是大陆冰盖或冰川。如北冰洋中漂浮的冰山，就是由法兰士约瑟夫地群岛、北地群岛、格陵兰岛及加拿大北极群岛上的大陆冰川形成的。当冰川前端滑

**冰 山**

动速度达到 20～40 米/昼夜时，便开始断裂，并顺着陡岸滑入海中，形成冰山。桌状冰山一般是由大陆冰盖前端断裂而成的，所以表面比较平坦，尖头状冰山一般是山谷冰川直接崩落入海形成的，或是桌状冰山破碎后形成的。南极大陆冰架前缘可分离出顶面平坦、规模宏大的平坦型冰山，如有的桌状冰山可高出水面 45 米，长 120 千米，宽 75 千米。美国 1956 年曾观测到长 333 千米、宽 96 千米的罕见的大冰山。南冰洋上尖头状冰山的形成过程与北极地区相似。南极威德尔海上还漂浮着一种少见的黑色冰山，这是因为在冰山形成过程中，冰内集聚了大量的岩石、矿物和淤泥的缘故，这种黑色冰山别具一格，由于南极大陆绝大部分被冰川覆盖，难以获得岩石、矿物标本，因此，地质学家特别钟爱这种黑色的冰山。

冰山挣脱"母亲"的怀抱，离开它的诞生地之后，便开始顺波逐流，永远沿着海流的方向移动。在北极地区，冰山一部分随海流漂到北冰洋的北极海域，漂流路线曲折复杂，还有一少部分向南漂流到北纬 48°、甚至北纬 42°的北大西洋洋面。冰山在长期漂流的过程中，由于碰撞磨蚀、海水融蚀及受光熔化，面积不断缩小，以致最后消亡。由于北冰洋地区较南极海域温度为高，所以冰山的寿命较短，一般为 2～4 年，向南漂移的冰山，寿命不到一年。在南极地区，由于冰山规模很大，加上极地海域气温较低，冰山的寿命可长达 10～13 年，冰山漂移的最北界限达到南纬 35°～40°的热带海域。南极冰山长期漫游，有的孤单伶仃、只身独影；有的成群结队、浩浩荡荡，集体行进，景色蔚为壮观。

大量漂浮在洋面上的冰块，往往对航运构成严重威胁，过去在海上航运的船只，因碰上冰块而船沉人亡的海难事件时有发生。冰山露在海面上的体积小，不易发现，等船只发现冰山时，冰山虽在数十至数百米之外，但已经避之不及了。因为冰山水下体积庞大，船只很易被巨大的冰山撞毁而沉没。如1912年4月14日，当时世界上最大的邮船"泰坦尼克"号从英国南安普顿驶往纽约途中，不幸在格陵兰以南2 200千米的纽芬兰岛附近海面，与巨大的冰山剧烈碰撞后沉没，死亡1 517人，或为世界航海史上一次最大的惨剧。即使在最近的1981年，也曾发生过联邦德国的一艘南极运输船被洋面上密集的浮冰围困，之后撞上冰山而沉没的航海事故。不过，现在这种情况已很少再有，因为现在在两极航行的船只上，都配备了先进的卫星导航和雷达探测仪器，能为航行提供准确的冰情资料。

### 知识点

### 纽芬兰岛

纽芬兰岛是北美大陆东海岸的大西洋岛屿。西控圣劳伦斯湾口，北隔贝尔岛海峡与拉布拉多半岛相望，西南与布雷顿角岛隔以卡伯特海峡，南有法属圣皮埃尔和密克隆群岛。略呈三角形，西北、东南各有一半岛伸入海中。面积11.1万平方千米。

此地属亚寒带大陆性气候，拉布拉多寒流沿东岸南下，冬冷夏凉。冬季受大陆气团影响，1月平均气温 $-4℃ \sim -9℃$，天气多变；夏季受大西洋气团影响，7月平均气温 $10℃ \sim 15℃$，东部沿海多雾。较湿润，年降水量 $1\,000 \sim 1\,500$ 毫米，四季均匀。约1/3地区水源充足，发育灰化土，覆盖杉、松为主的针叶林；高原土壤贫瘠，植被稀疏。野生动物多为麋、驯鹿、黑熊等。东南沿岸长800千米、宽320千米、平均深100米的纽芬兰浅滩，处拉布拉多寒流与北大西洋暖流交汇处，为世界最优良的大渔场之一。盛产鳕、鲽、鲱、鲑等鱼类。

## 延伸阅读

### 古希腊人在北极

多数历史学家认为，文明人类将目光投向北极，最早是从古希腊开始的。

因为，据说北极圈首先是由古希腊人确定出来的。他们当时发现，天上的星星可以分成两组，其中一组处在世界的北方，一年到头都能看得见。而另外一组则在天顶附近及偏南的位置，它们只是随着季节周期性地循环出现。这两组星星之间的分界线是由大熊星座所划出来的一个圆，而这个圆正好是北纬66°33′的纬度圈，也就是北极圈。

事实上，毕达哥拉斯和他的学派极端鄙视大地是正方形或者矩形的说法，他们的哲学思维使他们坚定地相信，大地只有呈球形才是完美的，才能符合"宇宙和谐"与"数"的需要。

而亚里士多德则为"地球"这一概念奠定了基础。他甚至考虑到为了与北半球的大片陆地相平衡，南半球也应当有一块大陆。而且，为了避免地球"头重脚轻"，造成大头（北极）朝下的难堪局面，北极点一带应当是一片比较轻的海洋。

于是，有一个叫毕则亚斯的希腊人早在2 000多年以前就勇敢地扯起风帆，开始了文明人类有史以来第一次向北极的冲击。他大约用了6年的时间完成了这次航行，最北到达了冰岛或者挪威中部，可能进入了北极圈。公元前325年，毕则亚斯回到了马塞利亚（今法国马赛）。

## 变幻无穷的海市蜃楼

在沙漠地区旅行，时常能够领略到"海市蜃楼"的意境。在沙漠地区长途跋涉，苦旱枯燥，干渴难耐，在精疲力尽之时，突然发现前边不远处出现一片清晰的绿洲，村庄隐约可见，一汪清清的湖水……这是多么令人鼓舞啊！可当你向它奔去时，它却始终与你保持一定的距离，隐隐约约，忽隐忽现。其实你永远也不可能达到目的，因为它是一种光线折射产生的幻象，是可望而不可即的。

位于我国山东省境内，临海而立的蓬莱阁，就因可观海上仙境而闻名。正如我国唐代大诗人白居易所形容的那样："忽闻海上有仙山，山在虚无飘渺间，楼阁玲珑五云起，其中绰约多仙子。"蓬莱仙境中的琼楼玉宇，绰约仙子，时隐时现，变幻莫测是那样漂亮，又是那样神秘。

出现在两极冰雪世界的海市蜃楼，更加变幻无穷。两极地区近冰面空气层温度很低，当上层有巨大的暖空气层侵入覆盖时，两层空气因密度等性质不同，因而折射和反射光线的性质也不同，由此起到一种透镜的作用，使光线聚集，好像望远镜一样把很远很远的景物拉到人的视野之内，常常是无中生有，而且十分逼真，让人感觉到似乎进入了人间仙境，只要你轻声呼唤，绰约仙子便可款款而出。这种"蓬莱仙境"有时能显现良久，有时还出现两个没有关联的印象，甚至倒像。但当你逐渐靠近它时，它会不断地发生变化，以致最后悄然消失。

极地另一种仙境便是"幻日"。在极地的天空中，存在着大量的微小冰晶体，通过折射、反射太阳光，也会形成变幻无穷的美妙景色。例如，当太阳光线透射于大气中密密麻麻的冰晶体时，因折射而形成光环，围绕太阳而成为日晕，在日晕两侧的对称点上，冰晶体好像是无数面小镜子，纷纷反射阳光，于是显得特别明亮，形成辉光点，犹如日光，被人们称之为"幻日"。

南极幻日

冰天雪地里的"蓬莱仙境"、"海市蜃楼"，使极地的景色更加迷人，更加壮观，也为极地倍增了神秘的色彩。

但是，极地大气层和冰面的强烈反射现象，也常常给极地探险、考察的人员带来危险。例如，极地冰雪反射出来的雪光十分厉害，使人的视网膜受到强烈刺激，甚至使人暂时失明，成为雪盲。而且这种雪盲症常常发生在阴天，因为人们忽视了阴天极地冰雪反射的雪光仍然十分强烈，因而不戴墨镜，

所以，很容易被雪光刺伤眼睛。又如，极地常常出现的一种奇怪的自然现象"乳白天空"，也与极地大面积冰雪面的强烈的反射有关。当阳光照射到冰面时，冰面阳光强烈地反射到低层云间，而由无数冰晶体或雪粒构成的低层云又把阳光反射到冰面上，如此来回反射便形成了一种令人眼花缭乱、头晕目眩的乳白色光线，甚至天上地下，乳白浑然一体，产生"乳白天空"。"乳白天空"对极地探险考察的人员来说，是非常危险的，它轻则能混淆人的视线，使人们对前面的景物产生错觉，重则使人失去知觉，甚至因此而丧命。极地探险考察人员遇到这种可怕的"乳白天空"而且遭遇危险的例子是屡见不鲜的，如开车翻车、滑雪者摔跤等，更为危险的是飞机驾驶员会因为这种"乳白天空"而失去知觉，致使飞机失去控制，最后机毁人亡。可见，极地上空，既有"蓬莱仙境"，也有"无形杀手"，必须时刻提高警惕，注意防备。

## 知识点

### 白居易

白居易（772～846），字乐天，晚年又号香山居士，河南新郑（今郑州新郑）人。11 岁起，因战乱颠沛流离五六年。贞元十六年（800年）中进士。他是我国唐代伟大的现实主义诗人，中国文学史上负有盛名且影响深远的诗人和文学家。他的诗歌题材广泛，形式多样，语言平易通俗，有"诗魔"和"诗王"之称。是新乐府运动的倡导者，主张"文章合为时而著，歌诗合为事而作"。与元稹交往甚笃，合称"元白"。为官至翰林学士、左赞善大夫。有《白氏长庆集》传世，代表诗作有《长恨歌》《卖炭翁》《琵琶行》等。

## 延伸阅读

### 长岛

资料显示，长岛是中国海市蜃楼出现最频繁的地域，特别是 7～8 月间的雨后。

长岛，由32个岛屿组成，岛陆面积56平方千米，海域面积8 700平方千米，海岸线长146千米，是山东省唯一的海岛县，隶属烟台市。长岛属亚洲东部季风区大陆性气候，具有冬暖夏凉的特点，年平均气温11.9℃，无霜期243天。全县森林覆盖率53.2%，独特的地理位置和优越的自然条件，使之成为候鸟迁徙的必经之地，每年途经的候鸟有二百余种，百万只之多，享有候鸟"驿站"的美誉，被列为国家级自然保护区。

长岛是中国的四海福地，拥有"妈祖护海"、"八仙过海"、"张羽煮海"、"精卫填海"四大神话及民间传说人物。长岛拥有"中国鲍鱼、扇贝、海带之乡"的美誉。是中国的夏威夷。长岛是一片原始的、自然的、未经劳动加工的、得天独厚的旅游处女地。这里一岛有一岛之奇，一景有一景之丽，因海蚀地貌形成的各种奇礁异石，古朴清幽，玲珑别透。

## 绚丽极光凌空舞

极光是南北极地区特有的一种大气发光现象。极光在东西方的神话传说中都留下了美丽的身影，现代科学的发展，使人类能够用理性的眼光看待极光，对它作出科学的解释。如果要评极地最绚丽的景象是什么，大约多数人会投极光一票。

极光多种多样、五彩缤纷、形状不一、绮丽无比，在自然界中能与之媲美的很难找到。任何彩笔都很难绘出那在严寒的两极空气中嬉戏无常、变幻莫测的炫目之光。极光按形态可分为：匀光弧极光、射线式光柱极光、射线式光弧光带极光、帘幕状极光、极光冕。

极光有时出现时间极短，犹如节日的焰火在空中闪现一下就消失得无影无踪；有时却可以在苍穹之中辉映几个小时；有时像一条彩带，有时像一团火焰，有时像一张五光十色的巨大银幕；有的色彩纷纭，变幻无穷；有的仅呈银白色，犹如棉絮、白云，凝固不变；有的异常光亮，掩去星月的光辉；有的又十分清淡，恍若一束青丝；有的结构单一，状如一弯弧光，呈现淡绿、微红的色调；有的犹如彩绸或缎带抛向天空，上下飞舞、翻动；有的软如纱巾，随风飘动，呈现出紫色、深红的色彩；有时极光出现在地平线上，犹如晨光曙色；有时极光如山茶吐艳，一片火红；有时极光密聚一起，犹如窗帘幔帐；有时它又射出许多光束，宛如孔雀开屏，蝶翼飞舞；有时极光闪耀在

南极光

天幕中央，仿佛上映一场环幕电影。

几百年来，凡是见过极光的人，没有一个不对变幻莫测的极光奇景惊叹不已。140 多年前，一个航行在南极海区的船长就生动地记载过他所见到的南极极光的瑰丽景色："当时，几乎整夜都是一幅南极光的美妙景象。时而像高耸在头顶的美丽的圆柱，突然变成一幅拉开的帷幕，以后又迅速卷成螺旋形条带……在我见到的种种景象中，再没有比这更壮丽的了。"

极光以它奇异的难以捉摸的幻景打动着人们的心弦。诗人讴歌它，幻想家把它比做宝镜，而科学家则孜孜不倦地观察它、记录它、研究它，进而揭开它的秘密。

长期以来，极光的成因机理未能得到满意的解释。在相当长一段时间内，人们一直认为极光可能是由以下三种原因形成的：一种看法认为极光是地球外面燃起的大火，因为北极区临近地球的边缘，所以能看到这种大火；另一种看法认为，极光是红日西沉以后，透射反照出来的辉光；还有一种看法认为，极地冰雪丰富，它们在白天吸收阳光，贮存起来，到夜晚释放出来，便成了极光。总之，众说纷纭，无一定论。直到 20 世纪 60 年代，将地面观测结果与卫星和火箭探测到的资料结合起来研究，才逐步形成了极光的物理性描述。

现代科学认为，极光是地球周围的一种大规模放电的过程。来自太阳的带电粒子到达地球附近，地球磁场迫使其中一部分带电粒子沿着磁感线集中到南北两极。当他们进入极地的高层大气时，与大气中的原子和分子碰撞并激发，产生光芒，形成极光。在北半球观察到的极光称北极光，南半球观察到的极光称南极光，经常出现的地方是在南北纬度67°附近的两个环带状区域内，阿拉斯加的费尔班一年之中有超过200天的极光现象，因此被称为"北极光首都"。

人们也发现，极光发生的地方，往往是在离地面100千米以上的天空，最高可到1 200千米的高空。离地面80千米以下的天空，不是极光活动的场所。

北极光

人们又发现，太阳黑子出现得多的时候，极光出现的次数也多。

从种种现象分析，科学家们发现绚丽的极光和太阳的活动有密切关系。太阳的内部和表面不断进行着各种化学元素的核反应，放射出无数的带电微粒。当这些带电微粒射进地球外围的高空大气层的时候，就和稀薄的气体分子猛烈撞击，激发出光来，这就是极光。到了离地面80千米左右的地方，冲进大气层的带电微粒，已经快消耗完了，所以80千米以下的天空，不会发生极光。

为什么这种奇景只能在纬度67°附近的两个环带状区域出现呢？原来，地球本身像个大磁石，它的磁极就在南、北极附近。从太阳射出的带电微粒，

受到地球这块大磁石的吸引，总是比较集中地折向南北两极。这就是极光只在南北极附近地区出现的原因。

极光的绚丽色彩，又是从哪里来的呢？地球表面的大气，是由氮、氧、氖、氦、氩、氢、氙等气体组成的。带电微粒冲击不同的气体分子，就发出不同颜色的光——氖发红光、氩发蓝光、氦发黄光……

那么，太阳黑子和极光又有什么关系呢？太阳黑子多，说明太阳活动剧烈。在这种时候，放射出的带电微粒多。所以，在太阳黑子多的时候，极光出现得也频繁。

### 知识点

## 太阳黑子

在太阳的光球层上，有一些旋涡状的气流，像是一个浅盘，中间下凹，看起来是黑色的，这些旋涡状气流就是太阳黑子。太阳黑子是在太阳的光球层上发生的一种太阳活动，是太阳活动中最基本，最明显的活动现象。黑子本身并不黑，之所以看得黑是因为比起光球来，它的温度要低一二千摄氏度，在更加明亮的光球衬托下，它就成为看起来像是没有什么亮光的暗黑的黑子了。

黑子一般成群出现在太阳表面，天文学家又将其称为"黑子群"。黑子的形成周期短，形成后几天到几个月就会消失，新的黑子又会产生。太阳黑子是太阳活动的重要标志，其活动存在着明显的周期性，周期平均为11.1年。黑子群对地球的磁场和电离层会造成干扰，并在地球的两极地区引发极光。

### 延伸阅读

## 极光的传说

极光这一术语来源于拉丁文伊欧斯一词。传说伊欧斯是希腊神话中"黎明"的化身，是希腊神泰坦的女儿，是太阳神和月亮女神的妹妹，她又是北风等多种风和黄昏星等多颗星的母亲。极光还曾被说成是猎户星座的妻子。在艺术作品中，伊欧斯被说成是一个年轻的女人，她不是手挽个年轻的小伙子快步如飞地赶路，便是乘着飞马驾挽的四轮车，从海中腾空而起；有时她还被描绘成这样一个女神，手持大水罐，伸展双翅，向世上施舍朝露，如同我国佛教故事中的观世音菩萨，普洒甘露到人间。

因纽特人认为极光是鬼神引导死者灵魂上天堂的火炬，原住民则视极光为神灵现身，深信快速移动的极光会发出神灵在空中踏步的声音，将取走人的灵魂，留下厄运。